湖北省水稻病虫发生预测与综合防治

（第四版）

向子钧　吴嗣勋　余学宏　编著

U0249839

WUHAN UNIVERSITY PRESS
武汉大学出版社

图书在版编目(CIP)数据

湖北省水稻病虫发生预测与综合防治(第四版)/向子钧,吴嗣勋,余学宏编著.—武汉:武汉大学出版社,2012.6
农作物病虫害丛书
ISBN 978-7-307-09797-1

Ⅰ.湖… Ⅱ.①向… ②吴… ③余… Ⅲ.①水稻—病虫害预测预报—湖北省 ②水稻—病虫害防治 Ⅳ.S435.11

中国版本图书馆 CIP 数据核字(2012)第 101479 号

封面图片为上海富昱特授权使用(ⓒ IMAGEMORE Co. , Ltd.)

责任编辑:夏敏玲　　　　责任校对:刘　欣　　　　版式设计:韩闻锦

出版发行:**武汉大学出版社**　　(430072　武昌　珞珈山)
(电子邮件:cbs22@whu.edu.cn 网址:www.wdp.com.cn)
印刷:通山金地印务有限公司
开本:880×1230　1/32　印张:6.625　字数:164 千字　插页:1
版次:2012 年 6 月第 1 版　　2012 年 6 月第 1 次印刷
ISBN 978-7-307-09797-1/S·42　　　定价:18.00 元

序

农作物病虫害种类繁多，常见的有 200 多种，每种病虫害的发生规律、防治方法不一样，植物保护技术亟待普及。

随着农村改革开放的深入，许多农民朋友外出务工，留守农村的劳力不仅体力单薄，而且缺乏技术。许多种田农民由于不懂防虫治病技术，常常是"病虫来了不知道，病虫过后放空炮"，看到张家防病跟着防，李家治虫跟着治，甚至盲目乱用药，明明是虫害却当病医治，既造成人力、物力、财力的浪费，又错过防治病虫害的最佳时期，导致农作物减产歉收。

农作物病虫害丛书为应用型工具书，适于基层农技工作者、农作物病虫害专业化防治组织和农业科技示范户、种田大户阅读使用，也可供植保技术推广人员、农作物病虫害专业化防治组织参考使用。

为了适应当前农村形势，提高植保科技书籍的通俗性、趣味性和可操作性，本丛书在写作上特融进文学成分，部分图书配上漫画，使之具有可读性，进而使广大读者喜爱并能快速地掌握这方面的知识。

本丛书运用的病虫调查资料，特别是水稻病虫调查资料，主要来源于 20 世纪 50 至 80 年代的田间系统调查。这些系统调查资料非常珍贵，由于各种原因，之后的病虫调查资料已没有先前的数据系统、完整、翔实。

　　希望本丛书能满足农民群众的需求，切实解决其生产中的实际问题。

向子钧

2012 年 5 月 3 日

目　　录

一 水稻病虫的演替原因及区划

（一）水稻病虫演替概况及原因

水稻病虫的演替，是病虫发生的基本规律与各稻区的基本生态条件相互作用的结果，由于两者间不断地进行双向选择，并按一定的轨迹运行，便形成了各病虫的地方发生规律，这一规律左右着病虫的历史演替过程。研究分析当地基本生态条件对病虫的影响，是研究和掌握病虫发生的地方规律的基本方法，是病虫测报的重要依据。为了全面认识湖北水稻病虫的历史演替过程，现对湖北主要稻区的基本生态条件状况作简要的介绍。

1. 主要稻区的基本生态条件

农田生态系统是一个极其复杂的生态系统，它主要包括地理气候条件、土壤结构与性质、农作物布局、耕作制度与品种、栽培管理方法、社会经济状况等要素。现存的耕作制度和栽培管理水平，是当地地理气候条件、社会经济状况的综合反映。湖北省稻田耕作制度，经历了几次大的变革，形成了以双季稻为主的稻区、以中早晚稻并主的单双季混栽稻区和纯中稻区三大类型，根据各种明显的差异，全省可分成七大稻区，即鄂东沿江平原双季稻区，鄂东南低山丘陵双季稻区，江汉平原混栽稻区，鄂东北低山丘陵混栽稻区，鄂中北丘陵岗地单季稻区，鄂西南山地单季稻区，鄂西北山地单季稻区。

（1）鄂东沿江平原双季稻区。

范围：该区包括黄冈、浠水、蕲春、武穴、黄梅、新洲、黄陂、孝感、黄石、鄂州等县市。

地理气候特点：该区地势低缓，稻田主要分布在海拔100米以下，平原、湖泊、丘陵、岗地交错，以平原为主。温、光、水资源丰富，年辐射量110千卡/厘米^{2}左右，≥10℃的积温在5000℃以上，年日照时数1901.4～2107.9小时，日照率在43%～48%，年降雨量在1171～1403.7毫米，其中≥10℃的温雨量占80%左右，在灾害性气候上，是属于春、夏涝严重，多伏秋旱地区。在水稻生产上，该区人均面积小，复种指数高，栽培管理水平高，播面单产高，是最适宜的双季稻种植区。

稻田耕作制度与栽培管理特点：该区约有水田面积560万亩，双季晚稻种植面积在470万亩左右，约占水田面积的84%。主要耕作制度有绿肥—双季稻、油菜—双季稻、麦—瓜—稻、麦—稻等，稻田复种指数一般在260%以上。在栽培管理技术上，均以保温育秧、稀播壮秧、油菜大苗移栽、施用多效唑等技术，解决茬口和季节矛盾，提高土地利用率和生产效益。水稻当家品种，早稻有嘉育948、鄂早12号、华矮837等，晚稻有汕优64、鄂晚7号、鄂宜105等，中稻以两优培九为主。

（2）鄂东南低山丘陵双季稻区。

范围：该区包括咸宁、阳新、通山、通城、崇阳、蒲圻等县市。

地理气候特点：该区地处幕阜山脉西北缘，地势为东南高、西北低，以低山丘陵地貌为主，兼有部分山间盆地、河谷或低湖平原。温、光、水资源丰富，年辐射量102～106千卡/厘米^2，≥10℃积温在5000℃以上，年日照时数1730～1916小时，日照率

39%～44%，年降雨量1416～1569.5毫米，雨日多达140天，为全省三大降雨中心之一，≥10℃的温雨量达80%以上。在灾害性气候上，属于春、夏涝严重，伏旱、秋旱严重地区。人均水田面积较少，复种指数高，除高山和冷浸烂泥田外，较适合发展双季稻。

稻田耕作制度与栽培管理特点：该区约有水田面积215万亩，双季晚稻种植面积约149万亩，约占水田面积的69%。稻田耕作制度主要有绿肥—双季稻、油菜—双季稻、麦—瓜—稻、麦—稻等，复种指数250%左右。栽培管理特点同鄂东沿江平原稻区基本相近。水稻当家品种，早稻有嘉育948、鄂早12号、威优49等，晚稻有威优64，汕优64、常优1号、鄂宜105等，中稻以扬两优6号为主。

（3）江汉平原混栽稻区。

范围：该区包括汉川、云梦、应城、天门、仙桃、洪湖、潜江、江陵、监利、公安、石首、松滋、嘉鱼、枝江、宜都等县市。

地理气候特点：该区地势低缓，湖泊众多，均以平原低湖田为主，稻田一般分布在海拔50米以下。温光、水资源丰富，年辐射量103～110千卡/厘米^2，≥10℃的积温在5000℃左右，年日照时数1834.8～2005.5小时，日照率在41%～48%，年降雨量1098.8～1388.9毫米，≥10℃的温雨量占80%以上。在灾害性天气上，属于梅涝严重，多伏秋旱地区，晚稻易受寒露风影响。该区人均耕地面积大，劳平负担重，虽然自然条件有利于发展双季稻，但因劳力的季节紧张，双季稻发展受到一定的限制。

稻田耕作制度与栽培管理特点：全区约有水田面积780余万亩，双季晚稻种植面积540万亩左右，约占水田面积的68%，县市之间差异很大，有的以双季稻为主，有的则以一季中稻为主。稻田耕作制度，双季稻田以绿肥—双季稻、油菜—双季稻为主，中稻田则以麦—稻、油菜—中稻为主，绿肥—中稻—再生稻也占有一定的比例，复种指数在 230% ~ 250%。在栽培管理上，保温育秧、稀播壮秧、两段育秧、大苗移栽和施用多效唑等技术得到广泛应用，对夺取大面积平衡增产起了重要作用。水稻当家品种，早稻有嘉育 948、鄂早 12 号，晚稻有油优 64、鄂晚 5 号、鄂宜 105，中稻以扬两优 6 号、两优培九为主。

（4）鄂东北低山丘陵混栽稻区。

范围：该区包括英山、罗田、麻城、红安等县市。

地理气候特点：该区地处大别山南麓，地势北高南低，以低山丘陵为主，兼有河谷平原。温、光、水资源较丰富，年辐射量 108.7 ~ 112.1 千卡/厘米^2，≥10℃ 的积温在 5000℃ 左右，年日照时数 2110.9 ~ 2114 小时，日照率在 45% 左右，年降雨量 1139.4 ~ 1416.9 毫米，≥10℃ 的温雨量占 80% 以上，是夏季暴雨集中区之一。在灾害性气候上，属于春旱、夏涝、多伏秋旱严重地区。该区人均水田面积小，劳力资源丰富，水利条件较差，较适合发展双季稻。

稻田耕作制度与栽培管理特点：该区约有水田面积 140 万亩，双季晚稻种植面积 79 万亩左右，占水田面积的 56.4%，县市之间差异悬殊。主要耕作制度有绿肥—双季稻、油菜—双季稻、小麦—中稻等，复种指数在 230% 左右。在栽培管理上，保温育秧、稀播壮秧、大苗移栽和施用多效唑等技术得到一定的应用。水稻当家品种，早稻主要有嘉育 948、马协 18、鄂早 12 号，晚稻主要有油优 64、鄂晚 5 号、鄂宜 105，中稻以两优培九、扬两优 6 号为主。

（5）鄂中北丘陵岗地单季稻区。

范围：该区包括大悟、广水、安陆、京山、钟祥、荆门、宜城、随州、枣阳、襄阳、老河口、襄樊、当阳等县市。

地理气候特点：该区地处鄂中北，境内有荆山、洪山等山脉，以丘陵岗地为主，地势平缓，海拔高度在 200 米左右。温光资源丰富，但水资源较差，年辐射量 105~110 千卡/平方厘米，≥10℃的积温在 4750℃~4950℃，年日照时数 1900~2100 小时，日照率在 41%~48%，年降雨量 914.8~1074.6 毫米，主要集中在 6~8 月。在灾害性气候上，是属于春、秋旱严重的少涝地区。该区人均耕地面积大，最适合发展小麦—中稻的两熟耕作制度，故属全省单产高、商品率高的主产粮基地之一。

稻田耕作制度与栽培管理特点：该区约有水田面积 750 余万亩，基本上为纯中稻区，中稻种植面积占全省的 45% 左右，是湖北省最大的中稻产区，也是第二大水稻产区。稻田耕作制度，以麦稻两熟为主，油菜中稻两熟为辅，复种指数在 210% 左右。在栽培管理上，常应用稀播壮秧、两段育秧、喷施多效唑和大苗移栽等技术，获得高产、高效的目的。水稻当家品种以扬两优 6 号、Ⅱ优 527 为主，有部分两优培九。

（6）鄂西南山地单季稻区。

范围：该区包括恩施州的全部，宜昌市的宜昌、远安、兴山、秭归、长阳、五峰等县市。

地理气候特点：该区地处武陵山区，北靠巫山、大巴山、东接江汉平原，地貌复杂，以山地为主，兼有部分山间盆地，稻田分布高差较大，气候特点因海拔高度而异。年辐射量在 87~100 千卡/平方厘米，≥10℃的积温在 4000℃~5000℃，年日照时数 1200~1400 小时，日照率 26%~37%，均为全省最低值。年降雨量 1300~1700 毫米，为全省之冠。其中三峡河谷地带的积温和日照时数偏高，降雨量偏少。在灾害性气候上，该区域夏涝和秋涝较多，无明显干旱。该区因日照少，积温低，雨水多，对麦、稻生产有较大影响。

稻田耕作制度与栽培管理特点：该区约有水田面积 167 万亩，基本上为纯中稻区，耕作制度以麦稻两熟为主。在栽培管理上，除稀播壮秧、大苗移栽外，半旱式栽培技术的应用较为突出。水稻当家品种主要有汕优 63、汕优 64、湘州 5 号等。

（7）鄂西北山地单季稻区。

范围：该区包括十堰市、神农架林区和谷城、南漳、保康等县市。

地理气候特点：该区南有巫山、大巴山、武当山，北有秦岭山脉，境内山岭起伏，地形复杂，以山地为主。气候特点有阴坡阳坡之分，年辐射量 101.2 ~ 104.5 千卡/平方厘米，≥10℃ 的积温 4386℃ ~ 5125℃，年日照时数 1859.5 ~ 1947.7 小时，日照率在 37% ~ 45%，年降雨量 773.2 ~ 849.4 毫米，主要集中在夏季。在灾害性气候上，属春旱和初夏旱严重，伏秋少旱，极少有涝灾的多旱少涝区。该区人均水田面积小，灌溉条件较差，降水过于集中，水稻生产风险性较大。

稻田耕作制度与栽培管理技术：该区约有水田面积 126 万亩，耕作制度以麦稻为主，油菜稻为辅。在栽培上也与鄂中北一季稻区相近，其中两段育秧对减少水稻生产的风险起着重要作用。水稻当家品种为 II 优 725、II 优 501、K 优 77。

2. 各稻区病虫演替概况

由于各稻区的气候特点和生产条件存在着显著差异，同一稻区不同年代间在耕作制度、水稻品种、栽培管理水平上也各不相同，从而引起了病虫发生的年代间变化。

（1）鄂东沿江平原双季稻区。该稻区在耕作制度上可分为三个时期，即 20 世纪 50 年代麦稻两熟为主期，60 年代早中晚稻混栽期，70 年代以来的双季稻为主期。随着耕作制度的改革，水稻品种、肥水条件和栽培管理技术都有相应的显著变化，从而引起了水稻病虫年代间的演替。

该区 20 世纪 50 年代发生的主要病虫有胡麻叶斑病、稻瘟病、二化螟、稻苞虫、稻蝗；60 年代发生的主要病虫有稻瘟病、黄矮病、三化螟、黑尾叶蝉、二化螟、稻苞虫；70 年代发生的主要病虫有稻瘟病、白叶枯病、小球菌核病、纹枯病、三化螟、褐飞虱、稻纵卷叶螟、稻蓟马；80 年代以来发生的主要病虫有纹枯病、稻瘟病、稻曲病、三化螟、稻纵卷叶螟、褐飞虱、白背飞虱、稻蓟马、二化螟。

（2）鄂东南低山丘陵双季稻区。该区稻田耕作制度的改革，也有以单季稻为主、早中晚稻混栽、以双季稻为主三个时期，仅在进度上比鄂东沿江平原迟 2~3 年，水稻品种和施肥管理水平均有显著变化，年代间病虫演替敏感而显著。

该区 20 世纪 50 年代发生的主要病虫有稻瘟病、胡麻叶斑病、二化螟、稻苞虫、稻螟蛉、负泥虫、稻蝗；60 年代发生的主要害虫有稻瘟病、胡麻叶斑病、三化螟、稻苞虫、稻蝗；70 年代发生的主要病虫有稻瘟病、黄矮病、小球菌核病、白叶枯病、纹枯病、赤枯病、三化螟、黑尾叶蝉、稻纵卷叶螟、褐飞虱、稻蓟马；80 年代以来发生的主要病虫有纹枯病、稻瘟病、稻曲病、叶尖枯病、褐飞虱、白背飞虱、稻纵卷叶螟、二化螟、稻蓟马。

（3）江汉平原混栽稻区。该区耕作制度有较大的变化，从 20 世纪 60 年代前的单季稻区发展到双季和一季并主的混栽稻区，总变化较双季稻区稳定，主要是品种和肥水管理水平变化较大。

该区 50 年代发生的主要病虫有胡麻叶斑病、稻瘟病、二化螟、稻苞虫、稻蝗；60 年代发生的主要病虫有稻瘟病、二化螟、三化螟、稻苞虫、稻蝗；70 年代发生的主要病虫有纹枯病、白叶枯病、小球菌核病、黄矮病、二化螟、三化螟、稻纵卷叶螟、褐飞虱、稻蓟马；80 年代以来发生的主要病虫有纹枯病、稻曲病、细条病、二化螟、三化螟、稻纵卷叶螟、褐飞虱、白背飞虱、稻蓟马。

（4）鄂东北低山丘陵混栽稻区。该稻区耕作制度的改革过程同江汉平原相近，20 世纪 50 年代以单季稻为主，60~80 年代为单双季混栽，品种与栽培管理水平变化较大。

该稻区 50 年代发生的主要病虫有稻瘟病、胡麻叶斑病、二化螟、稻苞虫、负泥虫；60 年代发生的主要病虫有稻瘟病、二化螟、三化螟、稻苞虫；70 年代发生的主要病虫有稻瘟病、纹枯病、白叶枯病、三化螟、稻纵卷叶螟、褐飞虱、稻蓟马；80 年代以来发生的主要病虫有纹枯病、稻瘟病、稻曲病、二化螟、三化螟、稻纵卷叶螟、褐飞虱、白背飞虱。

（5）鄂中北丘陵岗地单季稻区。该区在耕作制度上变化不大，主要是麦稻两熟制，20 世纪 70 年代绿肥水稻占有一定比例，80 年代油菜水稻取代了绿肥水稻，在当家品种上有四次大的更换过程，在栽培管理上变化比较大，对病虫产生了较大影响。

该区因稻田生态条件较为稳定，不同时期的病虫变化较小。70 年代前发生的主要病虫有稻瘟病、二化螟、稻苞虫、灰飞虱；70 年代发生的主要病虫有纹枯病、白叶枯病、二化螟、稻蓟马；80 年代以来发生的主要病虫有纹枯病、稻曲病、二化螟、稻纵卷叶螟、褐飞虱、白背飞虱、稻蓟马。

（6）鄂西南山地单季稻区。该区稻田耕作制度稳定，在品种和栽培管理技术上有较大变化，但农田生态系统的总体变化较小，故年代间病虫发生情况较为稳定。

该区 20 世纪 50~60 年代间发生的主要病虫有稻瘟病、二化螟、稻苞虫、稻秆蝇；70 年代除稻瘟病外，稻纵卷叶螟、褐飞虱显著上升；80 年代以来发生的主要病虫有稻瘟病、稻曲病、纹枯病、稻纵卷叶螟、褐飞虱、白背飞虱、稻秆蝇。

（7）鄂西北山地单季稻区。该区稻田耕作制度稳定，除品种和栽培管理技术变化较大外，稻田生态条件变化小，所以年代间病虫的变化不大，为湖北省病虫发生为害最轻的稻区。

　　该区在 20 世纪 80 年代前发生的主要病虫仅有稻瘟病、二化螟、稻苞虫；80 年代以来稻瘟病、稻曲病、二化螟为常发性病虫；稻纵卷叶螟、褐飞虱上升为偶发性害虫，一般均难达到中等以上的发生水平。

　　为了便于查阅和比较，在综合统计分析的基础上，整理出湖北省水稻主要病虫发生演替概况见表 1-1。

表 1-1　　　　　　湖北省水稻主要病虫发生演替概况

程度 种类 \ 稻区与年代	双季稻区				混栽稻区				单季稻区			
	50年代	60年代	70年代	80年代	50年代	60年代	70年代	80年代	50年代	60年代	70年代	80年代
稻瘟病	+	++	+	++	+	+	+	+	++	++	++	++
纹枯病	+	+	++	+++	+	+	++	+++	+	+	+	++
白叶枯病			++	++		+	++	++		+	+	++
黄矮病	+	++	++	+	+	+	+	+		+	+	+
小球菌核病	+	+	++	+		+	+	+				
稻曲病	+	+	+	+	+	+	+	+	+	+	+	++
后期综合症	+	+	+	++	+	+	+	++	+	+	+	+
二化螟	+	++	+++	+	+.							
三化螟	+	++	+++	+	+	+	+	+	+	+	+	
稻苞虫	+++	++	++	+	+++	++	+	+	+++	++	+	
稻蝗	++	+	+	+	+++	++	+		++	+	+	
负泥虫	++	++	+	+	+	+			+	+		
稻螟蛉	+++	++	+		++	+	+	++	++	+		
稻蓟马	+	+	++	++	+		++	++	+	+	++	++
稻纵卷叶螟	+	+	++	+++	+	+	++	++		+	+	++
稻飞虱	+	+	+++	+++	+	+	++	+++	+	+	+	++
黑尾叶蝉	+	++	++	+	+		++	+	+			+

3. 水稻主要病虫年代间演替的主要特点

新中国成立以来，湖北水稻病虫的发生演替过程，各稻区虽有各自的不同之处，但又都有其共同的特点，其主要特点如下。

（1）主要病虫种类都有较大的变化，在变化程度上是双季稻区大于混栽稻区，混栽稻区又大于单季稻区。除稻瘟病和二化螟外，其他病虫都是从 20 世纪 50~60 年代的次要病虫演替成为主要病虫，其重要性常超过上两种病虫。

（2）病和虫的为害损失程度，正在以虫害为主向以病虫并主的方向转化，特别是 20 世纪 80 年代中后期以来，病害的为害更为突出，有继续上升的势头，是值得注意的动向。

（3）从不同稻区和稻种的发生为害程度看，双季稻区重于混栽区，混栽稻区又重于单季稻区；早稻重于中稻，中稻又重于晚稻。与 80 年代以前比则正好相反。

（4）从病虫种类看，迁飞性害虫和流行性病害随着年代的转移，发生为害加重的趋势最明显，最突出，特别是白叶枯病、稻飞虱和稻纵卷叶螟，且其年度间的变化大，稳定性差。

（5）主要病虫种类有由少到多的倾向，20 世纪 70 年代前，能造成大为害的仅有 3~4 种，而 80 年代则达到 4~6 种。

4. 水稻病虫年代间演替的主要原因

新中国成立以来，湖北水稻病虫所发生的一系列重大变化，与耕作制度的改革、品种的更换、施肥量的增加、化学农药的更新换代有着密切的关系，这些因素的变化，在病虫害年代间演替中起主要作用，而气候的变化则只在年度间起主导作用。

（1）稻田耕作制度改革的影响。湖北省东南部稻区耕作制度改革的程度最大，主要经过了两次大的改革，第一次由麦稻两熟制改为绿肥双季稻三种两熟制，第二次由绿肥双季稻改为油菜双季稻三熟制。这些地区在 20 世纪 50 年代前中期基本上为一季稻区，当时三化螟一年发生三代，而大部分中稻避开了第三代为害，故发生轻。但随着双季稻的发展，早中晚并存极有利于专食性三化螟的发生和为害。三化螟由三代变为四代，各代都有适合其发生为害对象田，种群基数不断增长，终于酿成 60 年代三化螟多次暴发为害。70 年代以来，由于双季稻的继续扩大，混栽程度相对减少，对三化螟又起了一定的抑制作用，其种群密度也相应减少，为害减轻。双季稻和混栽稻区不仅有利于三化螟的发生为害，同时也有利于黄矮病、白叶枯病、稻纵卷叶螟、稻飞虱的发生和为害，是这些次要病虫逐步上升为主要病虫的原因之一。所以在病虫演替程度、病虫种类和为害程度上，都是双季稻区大于、多于和重于混栽稻区，而混栽稻区又大于、多于和重于一季稻区。

（2）当家品种的更换影响。水稻当家品种的更换，是病虫发生演替的又一重要原因，特别是高抗或高感品种的推广，对某些病虫的演替起着决定性作用。新中国成立以来，湖北省几次品种大更换都引起了水稻病虫的重大变化。①1956—1960 年籼改粳，造成了一晚和双晚稻瘟病、黄矮病的流行。②20 世纪 60 年代的高改矮，使纹枯病、白叶枯病、螟虫等多种病虫的发生为害加重，特别是广陆矮 4 号和农垦 58 的大面积推广，使水稻黄矮病三度大流行。③20 世纪 80 年代以来，由于中晚杂的推广，有利于二化螟而不利于三化螟的发生繁殖，使二化螟大发生的频率明显上升，三化螟的种群数量则显著减少。汕优 63 的推广，导致白叶枯、稻飞虱发生为害的加重，威优系统杂交稻的推广，引起恶菌病严重发生。④在生产实践中，高抗高感的品种所占面积比例不大，中间型的品种往往占多数，其感病生育期与适合流行期吻合程度大则发病重、吻合程度小的则发病轻。⑤抗病品种诱发病菌生理小种的变化，对病害演替亦有重要影响。

（3）肥料的影响。湖北省不同年代间，在肥料结构和施用方法上都有很大的变化，这些变化对病虫的演替产生重大影响。

在肥料种类结构上，随着年代的推移，逐渐从以农家肥为主变为以绿肥为主，再从以有机肥为主过渡到以无机肥为主。由于施用腐熟的农家肥，水稻生产发育较稳健，抗耐病虫的能力强。施用绿肥，一般也较利于水稻的生长发育，只是在过量的情况下，才加重病虫的发生和为害。但大量施用无机氮素肥料，特别是过迟过量施用，常导致稻株中淀粉含量下降，游离氨基酸和水分含量增加，既增加了病虫繁衍所需的营养，又降低了稻株本身的抗耐病虫为害的能力，加重了绝大多数病虫的发生和为害。

在肥料施用方法上，过迟过量施用速效氮肥，引起水稻后期贪青披叶，是诱发病虫为害的又一重要原因。

（4）农药的影响。化学防治是病虫防治的有效方法之一，在过去的几十年中，农药对控制病虫为害，确保农作物增产起了极为重要的作用。农药对病虫害的影响也必须一分为二：在积极作用方面，它不仅使稻苞虫、稻螟蛉、负泥虫等主要害虫成为次要害虫，而且对大部分病虫都有控制或减轻为害的作用；在消极作用方面，由于大量滥用化学农药，使害虫抗性得到迅猛发展，害虫天敌大量死亡，导致次要害虫主害化，主要害虫再猖獗。有关这方面的研究和报道很多，例如，湖北省双季稻和混栽稻区，大量施用有机氯制剂，曾引起了黑尾叶蝉及其传播的水稻黄矮病的暴发和流行，有机氯停用后，曾被有效控制的稻蝗、稻象甲、稻绿蝽等次要害虫种群数量明显回升，在局部地方造成严重为害。据报道，稻飞虱对有机磷、氨基甲酸酯类农药敏感性的降低，成为近年来稻飞虱大暴发的原因之一。

（5）外来虫源的影响。迁飞性害虫在湖北稻区发生为害的急剧上升，除本地稻田生态条件的变化利于其发生为害之外，南方稻区稻田生态条件促进其发生为害，种群密度增加，使其迁入湖北省的虫量增加，也是其中的重要原因。东南亚和我国南方稻区虫源量的变化，左右着湖北省迁飞性害虫年代间的演替趋势。

（二）水稻主要病虫发生特点及原因

湖北省水稻病虫经过 40 余年的演替，形成现有的较稳定的发展格局，是在地理气候条件和农业生产活动的干预下，病虫和寄主相互作用的结果。前面已对病虫演替的总特点及原因作了概述，但具体到每种病虫的演替，又有其特定的演替规律和原因，本节分病虫进行较具体的讨论分析。

1. 水稻病害流行概况

（1）水稻纹枯病的发生概况。湖北省水稻纹枯病的发生演变过程，大体上可分为三个时期，即次要病害时期、主要病害时期、严重流行期。在 20 世纪 70 年代以前，纹枯病发生面积小，为害程度轻，仅为水稻上次要病害；进入 70 年代，发生面积不断扩大，为害程度加重，很快上升为水稻主要病害；80 年代以来，该病一直稳定在偏重至重大的水平，发生面积占种植面积的 30% ~ 50%，病苗率在 50% ~ 80%，病田为害自然损失一般在一成左右，严重田块达 2 ~ 3 成，为害总损失占水稻病虫总损失的 30% 左右，已成为湖北水稻病虫之首。

纹枯病的发生特点。湖北省水稻纹枯病的发生为害，有 3 个显著特点：①在地域分布上，其发生程度与海拔高度呈负相关，一般平原重于丘陵，丘陵又重于山区；②在氮肥施用水平上，发生程度与氮素肥料施用量呈正相关，表现在高投肥高产地区重于低投肥低产地区；③在为害稻种上，一般是早稻重于晚稻，晚稻又重于中稻。

形成上述特点的原因。水稻纹枯病的流行，需要高温高湿的气候条件和稻株中有较高的游离氨基酸含量。低海拔地区，水源好，田间湿度大，氮肥施用量大，可同时满足其流行条件，所以发生重，特别是江汉平原地区发病最重。高海拔地区，氮肥施用量少，流行为害高峰期昼夜温差大，不利于纹枯病的为害。湖北属内陆性气候，常年梅雨明显，盛夏多高温伏旱，早稻生育期间由低温高湿向高温高湿转变，既有利于病害的发生，又有利于后期为害。中稻生育期间则由高温多湿向高温干旱的条件转变，仅有利于纹枯病的发生，较不利于其为害。晚稻生育期间气温由高到低，前中期有利于发病，若后期降温慢，则发病较重；若后期降温快，对其为害有一定的抑制。

（2）白叶枯病的流行概况。白叶枯病在湖北的发生演变过程，也有三个演变期，即局部发生期、迅速传播期、严重流行期。20世纪60年代前为局部发生期，白叶枯病仅在大冶、阳新、鄂州的少数地方发生，局部为害成灾；进入70年代为迅速传播期，该病迅速传播至全省主要稻区，并在少数县市为害成灾；80年代中后期为严重流行期，在江汉平原双季稻和混栽稻区，白叶枯病相继在中、晚稻上大面积流行成灾，成为威胁最大的流行性病害。新世纪以来，病害极轻。

白叶枯病的流行特点。水稻白叶枯病在湖北的发生演变过程，有以下显著特点：①年代间的发生呈直线上升，由局部性病害发展成普遍性病害，由次要病害发展成主要病害；②发病中心区由鄂东南双季稻区向江汉平原单双季混栽稻区转移；③主害稻种由早、中稻为主向以中、晚稻为主转移。

形成上述特点的原因。白叶枯病在湖北形成上述流行特点，主要有以下原因：①种子生产由"四自一辅"向全国性大基地发展，白叶枯病由检疫对象列为非检疫对象，在加速了种子的大调大运的同时，导致白叶枯病菌的迅速传播和蔓延；②高感中稻品种的大面积推广，晚粳抗病性的丧失，使中晚稻成为流行为害的重点稻种；③江汉平原地势低洼，夏季多暴雨，易受洪涝灾害，为白叶枯病的流行提供了最有利的条件；④80 年代氮肥施用量的成倍增长，特别是速效氮肥的增加，降低了稻株抗病能力，加重了白叶枯病的流行为害。

（3）水稻稻瘟病的流行概况。稻瘟病一直是湖北的主要水稻病害，特别是在山区，属常发性的流行病害，稻瘟病在湖北省有三个发病中心区，即鄂西南武陵山区、鄂东南幕阜山区、鄂东北大别山区，其中以鄂西南山区为最重，鄂东南山区其次，鄂东北山区较轻。其他地区虽有发生，但损失较轻，个别年份也成为局部性灾害。在上述常发区，发病面积常占 20% ~ 40%，病田损失率一般可达 10% ~ 50%，个别乡镇甚至出现成片改种，其发生面积和发生为害程度，年度间差异悬殊。

稻瘟病流行特点。稻瘟病在湖北的流行具有以下特点：①在地域分布上，发生为害程度与海拔高度呈正相关，山区重于丘陵、丘陵重于平原；②在流行程度上，与水稻孕穗抽穗期雨日数呈正相关，雨日数越多，日照越少，发病越重；③年度间发生程度变化极大，重病区范围也有较大变化。

形成上述特点的原因。稻瘟病在湖北形成上述流行特点主要有以下原因：①地理气候条件的主导作用；稻瘟病为典型的气候型病害，上述三个发病中心区，具有有利于稻瘟病流行的气候条件，即年降雨量大，孕穗抽穗期雨日多、雾露重、日照少、昼夜温差大，而平原稻区，难以满足这些有利的气候条件；②有利的气候条件仅是病害可能流行的要素之一，当年能否严重流行，还与前期菌源量的多少，感病品种面积的大小有密切的关系，年度间的差异取决于上述要素能满足的程度，故年度间的变化很大。

2. 水稻害虫发生概况

（1）二化螟发生概况。二化螟一直是湖北水稻上的主要病虫，随着耕作制度和水稻品种的变化，在发生的地域和年代上，二化螟和三化螟之间，存在着此起彼伏的现象。二化螟在湖北一年发生2～3代，以第一、二代为主害代。

二化螟的发生特点。二化螟在湖北的发生演变过程，主要有以下特点：①在区域分布上，二化螟是单季稻区重于混栽稻区，混栽稻区又重于双季稻区；②在年代间种群数量变化上，80年代重于50年代，50年代又重于60～70年代；③在代次间的种群数量变化上，一般一代重于二代，二代又重于三代。

形成上述特点的原因。二化螟在湖北形成上述发生特点，主要有以下原因：①单季稻区冬后有效虫源田面积广、比例大，为害对象田面积小而集中，双季稻区则正好相反。②80年代茎秆粗壮的杂交稻的普遍推广，特别是汕优63的大面积种植，改善了二化螟的营养和蛀食条件，加重了二化螟的发生和为害。③二化螟为多食性害虫，其抗逆性强，越冬的范围广，抗低温的能力强，冬后存活率高，有效虫源多，第一代为害对象田较集中，所以发生为害重。由于第一代的防治效果好，残虫基数小，第二代发生时又常遇高温干旱气候，不利其侵入造成为害，所以其发生为害程度常轻于第一代。

（2）三化螟发生概况。在单季稻改双季稻以前，三化螟仅为水稻的次要害虫，一般一年只发生3代，发生数量少，为害轻。随着双季稻种植面积的逐年扩大，混栽程度的增加，其发生为害逐步由轻变重，至20世纪60～70年代，种群数量达到高峰时期，在双季稻和单双季混栽稻区，三化螟曾三度大发生（1962—1965年、1968—1969年、1978—1979年），在此期间，亩平卵块量达800块以上，少数田块超过10000块。80年代，由于农药和品种的更换，提高了防效，恶化了生存环境，使三化螟的种群数量急剧下降，一般维持在偏轻至中等发生的水平，个别年份甚至不需要防治。

三化螟的发生特点。三化螟在湖北的发生演变过程，具有以下显著特点：①在年代间种群数量变化上，20世纪60~70年代重于80年代，80年代又重于50年代；②在不同耕作制度种群数量变化上，混栽稻区重于双季稻区，双季稻区重于单季稻区；③在代次间的卵块密度上，第三代高于第二、四两代，第二、四两代又高于第一代。

形成上述特点的原因。三化螟在湖北的发生演变过程中，出现上述特点的主要原因是：①耕作制度的影响。60年代以前，湖北省基本上为单季中稻区，当时三化螟一年只能发生3代。由于大面积中稻抽穗期早于第三代螟卵盛孵期，避开了第三代的为害。60~70年代，大面积推广双季稻后，单双季混栽程度大，各代均有适合为害的苗情，使三化螟的繁殖系数得到大幅度提高，致使种群数量急剧增长，多次暴发为害。②品种和熟期的影响。60~70年代高秆改矮秆，有利于蚁螟的侵入和为害，80年代早稻采用保温育秧和大苗移栽，晚粳改成晚杂，使早晚稻的生育期提前，避开了第二、四代的为害，减少了第一、三代的虫源量。③农药品种更换的影响。80年代，各地都以高效、长效内吸性农药取代了有机氯，提高了杀虫效果，减少了各代虫源基数。

（3）黑尾叶蝉及黄矮病发生概况。黑尾叶蝉及其传播的黄矮病，原为水稻上次要的病虫害，但在60年代后半期至70年代，曾在湖北省鄂东南双季稻和混栽稻区多次暴发成灾，在一季和双季晚粳上造成了严重的损失，轻者损失稻谷10%，重者导致成片绝收，进入80年代后，又下降成为次要病虫。

发生流行特点。黄矮病在湖北的流行，主要有以下特点：①干旱少雨年发生重，多雨年发生轻；②粳稻重于籼稻，一季晚粳重于

双季晚粳；③流行过程有明显的周期性，一般在同一地区连续流行
2～3年。

形成上述特点的原因。黄矮病在湖北出现上述流行特点，主要
有以下原因：①耕作制度与品种的影响。60年代绿肥双季稻的大
面积推广，特别是绿肥田看麦娘等杂草的滋生，为越冬代黑尾叶蝉
的生存提供了有利的营养和栖息条件。高感品种农垦58的大面积
种植，为该病流行提供了有利条件。②干旱少雨的气候，既有利于
黑尾叶蝉繁殖传播，又有利于加速虫体和稻株内毒源的增殖，一季
晚和早播的双晚田，是黑尾叶蝉集中取食传毒的重点对象田，所以
发病最重。③据报道，黄矮病病毒在传毒昆虫体内达到一定的浓度
后，对昆虫的发育和繁殖有显著的抑制作用，加上病害流行后预防
措施的加强，使黑尾叶蝉种群数量和带毒率迅速下降，阻止了黄矮
病的继续流行，所以黄矮病的流行常常出现明显的周期性。

（4）稻苞虫发生概况。稻苞虫曾是湖北水稻的主要害虫，发
生分布面广，但发生为害的区域常较集中，此虫同稻蝗、稻螟蛉一
样，在滨湖地区和山区等生态类型稻区发生较重，往往局部性暴发
成灾，该虫一年发生5代，第一、五代在田外杂草上危害，仅第
二、三、四代为害水稻。发生较重的年份，适生区亩虫量一般可达
3000～5000头，严重的田块超过万头，常将叶片食光，仅留下中
下部叶脉而呈扫帚状，有时可咬断刚抽出的嫩穗，造成严重减产。
自20世纪70年代后期以来，稻苞虫已下降成水稻上的次要害虫。

稻苞虫的发生特点。稻苞虫在湖北的发生演变过程，具有以下
主要特点：①重发区多集中在滨湖地区和山区，其他类型稻区发生
较轻。②植被复杂、蜜源植物丰富的地方发生重。③滨湖地区头年
干旱少雨，翌年多秋雨的年份发生较重。山区则是头年多秋雨，第
二年夏秋多雨的年份发生重。④20世纪70年代后期开始，已由主
要水稻害虫降为次要害虫。

形成上述特点的原因。稻苞虫形成上述特点的原因：①稻苞虫喜中温多雨的气候条件，一年中有两代的生长发育过程需在田外杂草上完成，滨湖地区和山区正好具备这种群繁衍条件；②稻苞虫成虫在产卵前需要以蜜源植物的花来补充营养，山区、湖区植被复杂有利于田外生存繁殖，蜜源丰富有利于提高繁殖系数；③滨湖地区头年干旱少雨，山区头年秋季多雨，均有利于第五代的发生，从而增加其越冬基数，当年夏秋多雨有利于第三、四代的发生为害；④随着湖荒和山荒的垦殖，恶化了稻苞虫的田外生存繁殖条件，高效内吸性农药的大面积使用，提高了杀虫效果，减少了各代虫源基数，从而使稻苞虫从主要害虫降为次要害虫。

（5）稻褐飞虱发生概况。稻褐飞虱在湖北一年发生 4～5 代，南部个别年份可发生 6 代，以第四、五两代为主害代，主要为害中稻和双季晚稻。在 20 世纪 70 年代以前，仅为湖北省水稻的次要害虫，1973 年在鄂东南稻区中、晚稻田出现零星为害，1974 年在双季稻区晚稻上大面积暴发成灾，1975—1976 年在双季稻及混栽稻区再度大发生，并由主要为害晚稻发展到中晚稻同时受害。80 年代开始，发生范围迅速扩大，偏重以上发生年频率增加，不仅东南部稻区发生严重，而且单季中稻区也相继暴发成灾，仅偏重以上的发生年就有 1980—1982 年、1987—1988 年、1991 年。

褐飞虱的发生特点。水稻褐飞虱，在湖北发生演变过程具有以下特点：①在为害稻种上，20 世纪 70 年代是晚稻重于中稻，80 年代是中稻重于晚稻；②在发生区域上，70 年代是鄂东南重于江汉平原，80 年代是江汉平原重于鄂东南；③无论成虫迁入迟早，虫量高峰期均稳定在水稻的灌浆期。

形成上述发生特点的原因。水稻褐飞虱在湖北出现上述发生为害特点，主要有以下原因：①在迁入量上，鄂东南稻区有两代迁入的机遇，而鄂中北，基本上仅有一代迁入的机遇，所以在 20 世纪

70 年代，鄂东南重于江汉平原，晚稻重于中稻；②在适生环境条件上，鄂东南伏秋旱严重，而且 80 年代双晚当家品种从感虫的农垦 58 换成了较抗虫的威优 64、汕优 64，而江汉平原水面大，夏季稻田湿度大、气温偏低，而且中稻大面积推广了汕优 63 等感虫品种，所以 80 年代江汉平原重于鄂东南，中稻重于晚稻；③褐飞虱迁入量与白背飞虱相比较少，一般需在当地繁殖两代以后，才能达到虫量最高峰，而且褐飞虱的暴发短翅型成虫起主导作用，而短翅型成虫的产生又决定于水稻的生育阶段，所以无论迁入迟早，虫量高峰期均在水稻的灌浆期。

（6）水稻白背飞虱发生为害概况。水稻白背飞虱在湖北一年发生 4~5 代，常年第三代为主害代，特殊年份第二、四两代也可造成一定的为害，第三代主要为害早稻和中稻，第四、五代为害双季晚稻。在 20 世纪 80 年代上半期以前，白背飞虱仅为湖北水稻的次要害虫。从 80 年代初开始，白背飞虱的种群数量逐年上升，在鄂东南稻区中晚稻上，常造成零星危害。1987 年第一次在鄂东南早、中稻上同时大面积暴发为害，发生面积占 40%~60%，百苑虫量一般 3000~5000 头，少数田块过万头，造成早稻大面积穿顶，中稻下部叶片枯黄。此后白背飞虱成为湖北水稻的主要害虫，偏重至严重发生的有 1988 年、1991 年。

白背飞虱发生为害特点：白背飞虱成为湖北省水稻主要害虫的历史不长，对其发生的地方规律尚有待进一步研究，但从近几年来的发生实况分析，主要有以下发生特点：①目前虽是局部稻区发生较重，但有从南到北不断扩大，从轻到重不断加重的趋势；②具有当代迁入、当代成灾的特点；③常年以第三代为主害代，大发生年份第二、四、五代也可以造成一定的为害。

形成上述发生为害特点的原因。白背飞虱在湖北出现上述发生为害特点，主要有以下原因：①从迁入量看，白背飞虱的数量正处在上升时期，与80年代前期的湖南等省稻区的情况相似。若东南亚和我国两广稻区水稻品种抗性没有大的变化，这种上升趋势将会得到继续延伸。②据报道，白背飞虱长翅形成虫有定居型和迁出型之别，两型的分化往往受气温、营养条件和密度所控制，在高于26℃或低于22℃的条件下，常分化为迁出型，在水稻孕穗及以后阶段取食的若虫，常分化为迁出型，在高密度或在已受害的水稻上取食的若虫，也往往成为迁出型成虫。由于上述生理特性和湖北省的气候特点，白背飞虱在湖北省早、中、晚稻上，一般只能当代迁入当代成灾，否则将分化成迁出型外迁。③根据其迁飞规律，湖北省由南向北的迁入高峰期在6月下旬至7月上旬，由北向南的迁入高峰期在8月底至9月上旬，其主害代应为第三代和第五代，而第五代常受秋旱的影响，不适合其迁入或繁殖为害，故仅有第三代较易暴发成灾。

（7）稻纵卷叶螟发生概况。稻纵卷叶螟在湖北一年发生4～5代，第二、四两代为主害代，第二代为害迟熟早稻和中稻，第四代为害双季晚稻。该虫在20世纪70年代以前仅为湖北水稻的次要害虫，70年代成为双季稻和混栽稻区的主要害虫，80年代成为全省性的主要害虫，其中偏重以上发生年有：1980年，1983—1984年，1989年，1991年。上述年份百苁虫口密度80头以上，多的田块在200～500头，未经防治的田块，白叶率在30%以上，严重田块高达80%。

发生为害特点。稻纵卷叶螟在湖北发生为害，主要有以下特点：①夏、秋多雨的年份发生重，反之则发生轻；②对苗情选择特强，以分蘖期和生长嫩绿的田块着卵量最大，为害最重；③成虫产卵和初孵幼虫对气候条件要求严格，在干旱的情况下，常出现蛾多卵少，卵多虫少的现象。

形成上述发生为害特点的原因。稻纵卷叶螟在湖北稻区出现上述发生为害特点，主要有以下原因：①夏、秋两季多雨，不仅有利于南北虫源的大量迁入，同时有利于成虫卵巢的发育和卵的正常孵化，也有利于低龄幼虫的存活；②据报道，稻纵卷叶螟趋化性和趋含水性强，在盛蛾期前 5～7 天追施过速效氮肥的稻田，稻株着卵量比未追肥的田块高 5～10 倍，稻田水管理方法不同，造成叶片含水率不同，叶片含水量高的稻田，其稻株着卵量也成倍地增加，所以常因肥水管理上的不同，而造成发生为害程度上的差异；③稻纵卷叶螟成虫的卵巢发育、卵的孵化，均需要较高的大气湿度，在干旱的情况下，卵巢发育不良，产卵量大幅度下降，正常卵少，卵的孵化率低，初孵幼虫成活率低，所以即使蛾卵量很大，但发生为害很轻，在适宜的气候条件下，即使蛾量较少，但发生为害较重。

（三）80 年代水稻病虫发生实况与区划

20 世纪 80 年代以来，是新中国成立后湖北省水稻病虫发生为害最严重的时期，特别是纹枯病、白叶枯病和迁飞性害虫，偏重以上年份频率高，发生面积大，为害损失重，已成为全省最普遍而严重的病虫。

总结研究湖北省 80 年代以来水稻病虫发生的规律和区划，对于预测 90 年代水稻病虫发生趋势，因地制宜地提出综合防治对策，有效地控制病虫为害，都具有十分重要的指导意义。病虫区划为病虫预测预报网点的建立，不同区域综合防治体系的制定，提供可靠的科学依据。其中单项病虫区划侧重于单一病虫的发生分布规律。有助于主要病虫的分区预报，综合病虫区划侧重于病虫总体的发生分布规律，有助于指导区域性病虫综合防治体系的制定。

1. 80 年代水稻病虫发生实况

20 世纪 80 年代是湖北省水稻病虫发生最严重的时期，主要表现在流行性病害加重，迁飞性害虫发生为害区域的扩大，稻曲病、叶尖枯病等次要病虫的显著上升。由于前两节已对水稻病虫在湖北省的发生演替状况、发生特点及原因，都作了具体的总结和分析，本节将根据统计资料，采取分类归纳的方法，对 80 年代湖北省水稻病虫发生实况，按主要病虫历年发生情况、发生程度分级汇总，分别列表比较，以便在比较分析中形成较全面的整体概念。因少数县、市统计较粗，分级标准的改变，某些害虫与实际可能存在一定的差异，但大部分病虫的发生程度更接近于实际，从而使防治对策制订的依据更具有科学性。现对此作如下说明：①少数单位在统计两种飞虱和两个螟虫时尚未分列，故对三化螟和褐飞虱的统计数比实况偏重，二化螟、白背飞虱比实况偏轻；②程度分级统一按权平自然损失率为标准，具体标准为：一级自损率 3.0% 以下，二级自损率 3.0% ~ 5.9%，三级自损率 6.0% ~ 8.9%，四级自损率 9.0% ~11.9%，五级自损率 12.0% 以上。

80 年代湖北省水稻病虫具体发生情况详见表 1-2 至表 1-12。

表 1-2　　　　　　　　水稻纹枯病发生情况统计

年份	发生面积 （万亩次）	自然损失 （万千克）	发面自损 （千克/亩）	自损率 （%）	发生 程度
1980	713.6	15235.9	21.4	1.47	5
1981	779.4	17831.3	22.9	1.49	5
1982	754.5	24538.2	32.5	1.81	5
1983	1209.3	30060.1	24.9	2.19	5
1984	813.9	20808.5	25.6	1.33	5
1985	1227.5	30213.4	24.6	1.92	5
1986	1262.5	31059.8	24.6	1.91	5
1987	1240.1	35011.4	28.2	2.20	5
1988	1673.3	37407.8	22.4	2.37	5
1989	1624.5	45814.5	28.2	2.70	5
平均	1129.9	28798.1	25.5	1.94	5

表 1-3　　　　　　水稻白叶枯病发生情况统计

年份	发生面积 （万亩次）	自然损失 （万千克）	发面自损 （千克/亩）	自损率 （%）	发生 程度
1980	145.2	8968.5	61.8	0.86	3
1981	69.8	1176.8	16.9	0.10	1
1982	198.2	6205.1	31.3	0.46	2
1983	208.2	7402.5	35.6	0.54	2
1984	200.2	5981.7	29.9	0.38	2
1985	164.6	5673.5	34.5	0.36	2
1986	265.3	9564.0	36.1	0.59	2
1987	968.4	19036.8	19.7	1.19	4
1988	232.7	14849.5	63.8	0.94	4
1989	320.7	19278.9	60.1	1.14	4
平均	277.3	9813.7	35.4	0.66	2.6

表 1-4　　　　　　水稻稻瘟病发生情况统计

年份	发生面积 （万亩次）	自然损失 （万千克）	发面自损 （千克/亩）	自损率 （%）	发生 程度
1980	163.7	3610.3	22.1	0.34	2
1981	158.1	3014.2	19.1	0.25	1
1982	260.7	6744.6	25.9	0.50	2
1983	482.7	16356.2	33.9	1.19	4
1984	557.5	25791.0	46.3	1.65	5
1985	408.4	12700.1	31.1	0.81	3
1986	296.8	10126.6	34.1	0.62	3
1987	292.2	8809.2	30.2	0.55	2
1988	488.4	6101.3	12.5	0.39	2
1989	287.2	11417.3	39.8	0.67	3
平均	339.6	10467.1	30.8	0.70	2.7

表 1-5　　　　　　　　　水稻二化螟发生情况统计

年份	发生面积 （万亩次）	自然损失 （万千克）	发面自损 （千克/亩）	自损率 （%）	发生 程度
1980	424.1	5199.1	12.3	0.50	2
1981	374.6	4854.1	13.0	0.41	2
1982	496.9	7835.0	15.8	0.58	2
1983	573.0	9814.8	17.2	0.72	3
1984	546.2	11556.0	21.2	0.74	3
1985	754.2	16874.6	22.4	1.07	4
1986	764.1	14563.3	19.1	0.90	4
1987	880.5	17214.8	19.6	1.08	4
1988	1193.2	25968.2	21.8	1.65	5
1989	1033.5	20595.3	19.9	1.37	5
平均	704.0	13447.5	19.1	0.90	3.4

表 1-6　　　　　　　　　水稻三化螟发生情况统计

年份	发生面积 （万亩次）	自然损失 （万千克）	发面自损 （千克/亩）	自损率 （%）	发生 程度
1980	1092.9	15911.2	14.6	1.53	5
1981	860.9	8072.1	9.4	0.67	3
1982	1230.1	15886.6	12.9	1.17	4
1983	1110.7	11872.2	10.7	0.87	3
1984	1061.6	16987.5	16.0	1.08	4
1985	1223.6	18589.8	15.2	1.18	4
1986	1194.5	15716.3	13.2	0.97	4
1987	1178.1	16807.7	14.3	1.05	4
1988	1053.8	12521.4	11.9	0.79	3
1989	1577.2	23037.5	19.9	1.36	5
平均	1158.3	15540.2	13.4	1.06	3.9

表 1-7　　　　　　　稻纵卷叶螟发生情况统计

年份	发生面积（万亩次）	自然损失（万千克）	发面自损（千克/亩）	自损率（%）	发生程度
1980	1384.1	21858.4	15.8	2.11	5
1981	623.3	9398.2	15.1	0.78	3
1982	871.5	10451.1	12.0	0.77	3
1983	831.4	17922.9	21.6	1.31	5
1984	682.5	14791.9	21.7	0.94	4
1985	437.4	9168.9	21.0	0.58	2
1986	294.7	4521.2	15.3	0.28	1
1987	283.0	5622.0	19.9	0.35	2
1988	289.5	4360.9	15.1	0.28	1
1989	521.5	17630.4	33.8	1.04	4
平均	621.9	11572.6	18.6	0.84	3.0

表 1-8　　　　　　　水稻褐飞虱发生情况统计

年份	发生面积（万亩次）	自然损失（万千克）	发面自损（千克/亩）	自损率（%）	发生程度
1980	1218.5	28138.0	23.1	2.71	5
1981	982.1	16979.5	17.3	1.41	5
1982	890.4	19510.5	21.9	1.44	5
1983	613.8	12974.6	21.1	0.95	3
1984	258.3	4854.6	18.8	0.31	2
1985	137.7	2318.7	16.8	0.15	1
1986	258.2	4854.6	18.8	0.30	2
1987	935.6	45341.2	48.5	2.84	5
1988	556.9	19313.1	34.7	1.23	5
1989	457.1	11790.4	25.8	0.67	3
平均	630.9	16607.5	26.3	1.20	3.6

表 1-9　　　　　　　　水稻白背飞虱发生情况统计

年份	发生面积 （万亩次）	自然损失 （万千克）	发面自损 （千克/亩）	自损率 （%）	发生 程度
1980	167.6	3234.4	19.3	0.31	2
1981	127.2	1904.1	15.0	0.15	1
1982	155.4	2289.5	14.7	0.17	1
1983	124.8	1863.6	14.9	0.12	1
1984	84.4	339.9	4.0	0.02	1
1985	72.6	1030.7	14.2	0.07	1
1986	84.4	1229.9	14.6	0.08	1
1987	177.4	7387.4	41.6	0.46	2
1988	237.1	7719.6	32.6	0.49	2
1989	191.8	6051.3	31.6	0.36	2
平均	142.3	3305.0	23.2	0.22	1.4

表 1-10　　　　　　　　水稻病害发生情况统计

年份	发生面积 （万亩次）	自然损失 （万千克）	发面自损 （千克/亩）	自损率 （%）	发生 程度
1980	1122.99	28197.93	25.1	0.91	4
1981	1082.25	22838.73	21.2	0.63	3
1982	1308.00	38694.69	29.6	0.95	4
1983	1990.56	51657.76	26.0	1.26	5
1984	1626.97	53046.22	32.6	1.13	4
1985	2165.93	57143.36	26.4	1.21	5
1986	1934.26	51996.63	26.9	1.07	4
1987	2835.12	64317.25	22.7	1.34	5
1988	2531.44	59870.65	23.7	1.27	5
1989	2462.36	79019.89	32.1	1.55	5
平均	1905.99	50678.31	26.6	1.13	4.4

表 1-11　　　　　　　　水稻害虫发生情况统计

年份	发生面积 （万亩次）	自然损失 （万千克）	发面自损 （千克/亩）	自损率 （%）	发生 程度
1980	4604.45	84827.21	18.4	1.63	5
1981	3831.60	59627.78	15.6	0.99	4
1982	4080.03	63079.88	15.5	0.93	4
1983	2487.55	57721.05	16.6	0.84	3
1984	2906.29	54110.06	18.6	0.69	3
1985	3001.56	54063.82	18.0	0.69	3
1986	2756.40	43284.13	15.8	0.53	2
1987	3570.05	89835.85	25.2	1.15	4
1988	3912.60	81798.82	20.9	1.04	4
1989	3688.29	77502.14	21.0	0.92	4
平均	3483.88	66585.07	19.11	0.94	3.6

表 1-12　　　　　　　　水稻主要病虫发生程度汇总

发生级别 种类　　年份	1980	1981	1982	1983	1984	1985	1986	1987	1988	1989	平均	四、五级发生率（%）
纹枯病	5	5	5	5	5	5	5	5	5	5	5	100
白叶枯病	3	1	2	2	2	2	2	4	4	4	2.6	30
稻瘟病	2	1	2	4	5	3	3	2	3	3	2.7	20
二化螟	2	2	2	3	3	4	4	5	5	5	3.4	50
三化螟	5	3	4	3	4	4	4	4	3	5	3.9	70
稻纵卷叶螟	5	3	3	5	4	2	1	2	1	4	3.0	40
褐飞虱	5	5	5	3	2	1	2	5	5	3	3.6	50
白背飞虱	2	1	1	1	1	1	2	2	2	2	1.4	0
病害	4	3	4	5	4	5	4	5	5	5	4.4	90
虫害	5	4	4	4	3	4	4	4	4	4	3.6	60
病虫害	5	3	3	4	3	2	3	5	4	4	3.6	50

2. 水稻主要病虫区划

根据 20 世纪 80 年代湖北省各地病虫发生实况，结合各地发生要素分析，湖北省水稻主要病虫区划如下。

（1）水稻纹枯病。湖北省水稻纹枯病可分为三个类型区，即：江汉平原严重发生区，鄂中北中等发生区，鄂西山地偏轻发生区。

江汉平原严重发生区。该区在耕作制度上为双季稻或单双和混栽稻区；地理气候特点是海拔高度低，一般在 200 米以下，春夏多雨，梅雨明显，降雨量大；商品氮肥施用量大。纹枯病在该区常年为大发生，其特点是早稻重于中晚稻，平原重于丘陵，早稻发病面积占种植面积 60% ~ 80%，晚稻占 40% ~ 70%，中稻占 30% ~ 60%。

鄂中北中等发生区。该区在耕作制度上为纯中稻区；地理气候特点是海拔高度较高，夏季多雨，春秋多旱，降雨量少；商品氮肥施用量较大。纹枯病在该区常为中等至偏重发生，个别多秋雨的年份可达局部大发生，发生面积占种植面积的 30% ~ 50%。

鄂西山地偏轻发生区。该区在耕作制度上也为纯中稻区；地理气候特点是山岭起伏，海拔高度高，西南部多雨少旱，西北部少雨；≥10℃ 的积温低；商品氮肥施用量较少。纹枯病在该区常为偏轻至中等发生，发生面积虽较大，但因水稻生育后期的昼夜温差大或干旱，极不利于纹枯病的垂直扩展，为害损失较轻。

（2）水稻白叶枯病。湖北省水稻白叶枯病可分为四个类型区，即：江汉平原偏重发生区，鄂中北中等发生区，鄂东南偏轻发生区，鄂西轻发生区。

江汉平原偏重发生区。白叶枯病在该区发生面积大，偏重以上发生年份频率高，为害损失重。一般发生面积占种植面积的 15% ~ 30%，偏重以上发生年份两年左右一遇，病田损失率 5% ~ 15%，严重田块达两成以上。偏重发生的原因是：感病品种种植面积大，梅雨期长而多暴风雨，易出现大面积洪涝灾害，商品氮肥施用量大，常有利于白叶枯病的流行为害。

鄂中北中等发生区。白叶枯病在该区发生面积较大，常占种植面积的 10%～20%，偏重以上发生年份三四年一遇，为害损失较重，病田损失率 5%～12%，严重田块达两成以上。该区白叶枯病较重的原因是：绝大多数田块为感病品种，夏季多雨无伏旱，商品氮肥施用量较大。

鄂东南偏轻发生区。白叶枯病在该区常有发生，发病面积占种植面积 5%～15%，发生程度一般仅限于中心病团期，少见全田成片枯死。该区虽然春夏多暴雨，有利于发病，但出梅后常有 40 天左右的高温干旱，加之晚稻抗病品种种植面积大，不利流行为害，故该病一般发生为害较轻。

鄂西轻发生区。白叶枯病在该区仅零星发生，发生面积很小，一般均不会造成明显为害。原因是该区为山区，稻田一般无涝灾，且中稻生育后期昼夜温差大，不利于白叶枯病的蔓延和流行为害。

（3）水稻稻瘟病。湖北省水稻稻瘟病一直是水稻的主要病害，其发生可分为四个类型区，即：鄂西南严重发生区，鄂东南偏重发生区，鄂东北中等发生区，鄂中北轻发生区。

鄂西南严重发生区。稻瘟病是该区最重要的水稻病害。具有发生面积大，常占种植面积 20%～40%，偏重以上发生年份频率高，常在 50% 左右，为害损失重，病田损失轻则 10% 左右，重则三成以上。该区的地理气候特点最有利于稻瘟病的流行为害，山岭起伏，常年多雨无旱情，雨日多，雾露多，日照率低，空气湿度大，昼夜温差大，灌溉水温低。

鄂东南偏重发生区。稻瘟病历来是该区水稻的重要病害之一，20 世纪 50 年代以中稻为主，60～70 年代则以晚稻为主，80 年代则是早稻重于中稻，中稻又重于晚稻。80 年代以来，大发生的有

1984年，偏重发生的有1983年、1985年、1987年、1992年。发生面积一般占种植面积的10%～30%，为害损失5%～10%，重病田块达两成以上。该区地处幕阜山区，春夏多雨，雨日多，山区多雾露，日照率低，灌溉水温低，特别适宜于早稻稻瘟病的流行为害。

鄂东北中等发生区。该区也是稻瘟病的常发病区之一，80年代以前是晚稻重于早稻，80年代以来，常是早稻重于中晚稻。发病面积占种植面积10%～20%，偏重发生年份的频率四年左右一遇，中等以上发生年2～3年一遇。该区地处大别山区，夏季多雨露，感病品种种植面积较大，商品氮肥施用量较高，较有利于稻瘟病的流行。

鄂中北轻发生区。稻瘟病在该区常年为轻发生，个别年份可达偏轻局部中等的发生水平，一般发生面积在10%以下，病田为害损失在5%以下。该区中稻区雨水较少，日照率高，混栽稻区虽然夏季多雨，但雨日、雾露均较少，昼夜温差小，湿度较小，常不利于稻瘟病的流行。

（4）二化螟。80年代中后期，二化螟在湖北省呈上升趋势，其发生可分为三个类型区，即：鄂中北偏重发生区，鄂东南中等发生区，鄂西偏轻发生区。

鄂中北偏重发生区。该区二化螟一年发生2～3代，第一、二代为主害代，第一代常年均维持在偏重至大发生程度，发生重的主要原因是：该区冬春少雨，冬后死亡率低；大面积种植汕优63等粗秆品种，有利于二化螟的侵入、存活和繁殖；越冬代虫源面积广，有效虫源面积大，第一代为害对象田集中。

鄂东南中等发生区。二化螟在该区一年发生3代，以第一、二代为主害代。二化螟在混栽稻区常维持中等至偏重发生程度，在双季稻区则为偏轻至中等发生。发生面积占种植面积的30%左右。

该区早中晚稻混栽，较有利于二化螟的发生为害，但因春季多雨，夏季多暴雨，盛夏常出现高温干旱，对二化螟的发生起了明显的控制作用。

鄂西偏轻发生区。二化螟在该区一年发生 2 代，常年轻至偏轻发生，个别年份局部可达中等发生程度。发生轻的主要原因是：该区基本为林粮间作区，用药水平低，天敌种群数量大，自然控制能力强；水利条件差，稻田常为深水灌溉，二化螟虫死亡率高。

（5）三化螟。水稻三化螟曾是湖北省大面积暴发成灾的重要害虫，自 80 年代以来，在大部分稻区以下降为较次要的害虫。其发生可分为三个类型区，即：鄂东南中等发生区，鄂中北偏轻发生区，鄂西轻发生区。

鄂东南中等发生区。三化螟在该区发生 3 ~ 4 代，以第三代为主害代，第二、四两代在双季稻区可造成一定的为害。80 年代以来，三化螟在该区常年维持在中等左右的发生程度，发生面积占种植面积的 20% ~ 30%，主害代晚稻枯心率 3% ~ 5%，中稻白穗率 1% ~ 2%。发生趋势下降的主要原因是：大面积推广了杂交稻，使各代卵盛孵期与适合侵入为害的水稻生育期吻合程度降低；高效长效杀虫剂的应用，提高了防治效果；二化螟和稻纵卷叶螟的回升，增加了早稻施用杀虫剂的面积和次数，减少了第二、三代的发生基数。

鄂中北偏轻发生区。该区三化螟一年发生 3 代，以第三代为主害代，常年维持在偏轻的发生程度，已降为较次要的害虫。发生偏轻的原因是：二化螟药剂防治面积大，压低了第二、三代的发生基数；普遍推广了中熟中稻汕优 63 和两段秧，避开了第三代的为害。

鄂西轻发生区。三化螟在该区一年发生 2 ~ 3 代，常年均为轻发生。在该区三化螟越冬基数低，主害代卵盛孵期与水稻易侵入的生育期常不吻合，致使三化螟种群数量难以回升到需要防治的水平。

(6) 稻纵卷叶螟。80 年代以来，稻纵卷叶螟已上升为全省性的重要害虫，其发生可分为三个类型区，即：鄂东南偏重发生区，鄂西南中等发生区，鄂西北偶发区。

鄂东南偏重发生区。稻纵卷叶螟在该区一年发生 4~5 代，以第二、四两代为主害代，个别特殊年份第一、三代也能造成局部性为害，一般第二代重于第四代。在该区稻纵卷叶螟偏重以上发生的年份的频率高，一般 2~3 年一遇，发生面积占种植面积的 25% ~ 50%，百蔸虫量 50~250 头，双季稻区常重于混栽稻区。稻纵卷叶螟在该区偏重发生的主要原因是：春夏多雨，有两代迁入的机遇，二代虫源基数大；该区是以双季稻为主的混栽稻区，各代均有适合发生为害的苗情。

鄂西南中等发生区。稻纵卷叶螟在该区一年发生 3 代，第二代为主害代。该区是第二代的主降区之一，常年 6 月下旬大量迁入，7 月上中旬达为害高峰，一般在偏轻至偏重发生水平。该区夏季雨日多、湿度大，中稻苗情也适合为害，加上该区为第二代主降区之一，气候和苗情均极有利于害虫的发生为害，所以常年均达中等上下的发生程度，若不是自然天敌种类多，数量大，控制能力强，则很可能成为偏重发生区。

鄂西北偶发区。稻纵卷叶螟在该区发生 3 代，第二代为主害代，常年为偏轻发生，个别西南暖湿气流强的年份，其发生程度可达中等，南部地区偏重的程度。由于该区地处主降区和波及区之间，一般年份迁入量小，只有少数特殊年份才成为主降区，所以是湖北省稻纵卷叶螟的偶发区。

(7) 稻褐飞虱。水稻褐飞虱是湖北省最重要的害虫，其发生为害可分为四个类型区，即：鄂东南偏重发生区，鄂中北偏重发生区，鄂西南中等发生区，鄂西北偏轻发生区。

鄂东南偏重发生区。稻褐飞虱在该区可发生 4～5 代，南部稻区可发生 6 代，以第四、五代为主害代，其中江汉平原中稻主害代为第四代，双季晚稻主害代为第五代，一般第四代重于第五代。偏重以上发生年份，第四代为 3 年一遇，第五代为 4～5 年一遇，为害高峰期分别在 8 月和 9 月中下旬。第四代虫口密度一般为 3000～5000 头，第五代一般为 2000～3000 头，平原地区重于山区。

鄂中北偏重发生区。稻褐飞虱在该区一年发生 4～5 代，第四代为主害代。偏重以上发生年份 3 年左右一遇，为害高峰期在 8 月中下旬，虫口密度 3000～6000 头，南部重于北部。该区夏季多雨，出梅后无严重的高温干旱气候，氮肥施用量大，较有利于褐飞虱的繁殖和为害。

鄂西南中等发生区。褐飞虱在该区一年发生 3～4 代，以第三代为主害代。常年维持在中等上下的发生水平。该区夏秋多雨，极有利于褐飞虱的发生和危害，但由于中稻生育后期气温较低，昼夜温差大，不利于第四代的发生和为害，而第三代由于迁入量小，基数少，难达中等以上的发生程度。

鄂西北偏轻发生区。褐飞虱该区一年发生 3～4 代，以第三代为主害代，因该区梅雨量少，褐飞虱迁入量小，第三代常发生较轻，一般不会出现明显为害。只有特殊年份，因迁入量较大，方可造成零星为害。

（8）稻白背飞虱。在湖北省，水稻白背飞虱是 80 年代后半期才上升成为主要害虫。一年发生 3～5 代，以第三代为主害代，在双季稻区晚稻上第五代也能造成一定的为害。其发生可以分为四个类型区，即：鄂东南偏重发生区，鄂西南中等发生区，鄂东北偶发区，鄂西北偏轻发生区。

鄂东南偏重发生区。在该区白背飞虱一年发生 5 代，以第三、五代为主害代，第三代重于第五代。该区一般4月下旬始见，6月下旬为迁入高峰，7月上中旬达全年虫量高峰，第三代为害早稻和中稻，第五代危害双季晚稻，第三代偏重以上4~5年一遇，百蔸虫量2000~4000头，发生面积一般20%~60%，常造成早稻枯秆穿顶，中稻下部叶片枯黄或青枯。

鄂西南中等发生区。白背飞虱是该区的主要害虫，一年发生3~4代，以第三代为主害代，一般7月上旬达迁入高峰，下旬达为害高峰，常年维持在中等上下的发生程度，发生量大于褐飞虱。

鄂东北偶发区。白背飞虱在该区一年发生4~5代，第三代为主害代，一般6月底至7月上旬为迁入高峰期，7月下旬为全年为害高峰期，一般年份偏轻发生，个别年份可达中等发生程度，造成局部性为害。

鄂西北偏轻发生区。白背飞虱在鄂西北山区一年发生3~4代，第三代为主害代，常年维持在轻发生水平，个别年份可造成零星为害，白背飞虱发生量大于褐飞虱。

白背飞虱在湖北形成上述发生分布格局，主要决定于6月下旬至7月上旬迁入量的多少。鄂东南和鄂西南第二代迁入量较多，又是第三代主降区，其发生较重；鄂东北第二代迁入量极少，第三代迁入量偏少，其发生较轻；鄂西北则常年迁入量少，所以发生轻。

3. 水稻病虫综合区划

水稻病虫综合区划，是以农业地理区划、农业气象区划、种植业区划和水稻主要病虫区划为依据的综合性病虫总体区划。根据上述主要区划的归类分析，湖北省水稻病虫的发生，可分为五大区域类型，即：鄂东南低山丘陵偏重发生区，江汉平原偏重发生区，鄂西南山地中等发生区，鄂中北丘陵岗地中等发生区，鄂西北山地偏轻发生区。上述各区在地理、气候、耕作制度、栽培管理水平，主要病虫发生为害程度等方面，都存在着显著的差异，各区内虽也有一定的差异,但更多的是有共同的特点。现分区介绍如下。

(1)鄂东南低山丘陵偏重发生区。该区范围包括咸宁、阳新、通山、通城、崇阳、蒲圻、嘉鱼等县市;在地貌特点上,地处幕阜山区,以低山丘陵为主;气候特点是年降雨量大,雨日多,日照率较低,常年春夏多雨,伏秋多干旱;稻田耕作制度是以双季稻为主的混栽稻区;水稻主要病虫有纹枯病、稻瘟病、叶尖枯病、稻纵卷叶螟、白背飞虱、褐飞虱、三化螟等,其发生特点是早稻重于晚稻、晚稻重于中稻,偏重以上发生频次高。

(2)江汉平原偏重发生区。该区范围包括黄冈、浠水、蕲春、武穴、黄梅、大冶、鄂州、黄陂、新洲、汉阳、孝感、汉川、云梦、应城、天门、仙桃、洪湖、武昌、潜江、江陵、公安、石首、监利、松滋、枝江、宜都等县市;该区地处江汉平原,地势低缓,湖泊众多,以低湖平原为主,春夏多雨,伏秋多旱,日照率高;稻田耕作制度是以双季稻为主的混栽稻区;水稻主要病虫有纹枯病、白叶枯病、叶尖枯病、稻纵卷叶螟、稻褐飞虱、二化螟、三化螟等病虫,其发生特点是病虫并重、早中晚稻并重,偏重以上发生程度频次高。

(3)鄂西南山地中等发生区。该区范围包括鄂西自治州的全部,宜昌市的宜昌、远安、兴山、秭归、长阳、五峰等县市;该区地处武陵山区,山岭起伏,海拔高度高,年降雨量最大,雨日多,日照率低,四季无旱;种植业为林粮并举,水旱粮并举,水稻为一季中稻;水稻主要病虫有稻瘟病、稻曲病、纹枯病、稻纵卷叶螟、白背飞虱、稻秆蝇等,其他特点是病害重于虫害,后期重于前期。

(4)鄂中北丘陵岗地中等发生区。该区范围包括英山、罗田、麻城、红安、大悟、广水、安陆、京山、钟祥、荆门、当阳、宜城、襄阳、枣阳、随州等县市;地貌以丘陵岗地为主,春季、初夏多旱、盛夏多雨，日照率高；以单季中稻为主，南部县市有少量的双季稻；水稻主要病虫有纹枯病、白叶枯病、稻瘟病、二化螟、褐飞虱、稻纵卷叶螟等，病虫发生总特点是病虫并重、前期后期并重，病虫偏重以上的发生频次低。

（5）鄂西北山地偏轻发生区。该区范围包括神农架林区、十堰市的全部，襄樊市的南漳、保康、谷城等县市；该区山脉叠起，降雨量最少，日照率最高，春季和初夏干旱少雨，盛夏有一定的雨日和雨量；在种植业结构上也是林粮并举、水旱粮并举，为麦稻两熟的水田耕作制；水稻主要病虫仅有稻曲病、纹枯病、二化螟，常年病重于虫，偶有中等以上病虫发生。

二 水稻病虫的发生预测

（一）水稻病虫的常规性发生预测方法

褐飞虱

褐飞虱是湖北省水稻上重要迁飞性害虫。随着耕作制度的变化、品种更替和施肥水平的提高，及从南方迁入虫源数量的增加，70年代以来大发生频次明显增加。1974—1975年，1980—1981年，1987—1988年及1991年，2006年，褐飞虱曾在全省大范围内大发生，已成为常发性主要害虫。

1. 国内越冬概况

褐飞虱食性专一，抗寒力较弱。据国内研究，将田间有无再生稻、落粒自生苗存活作为褐飞虱越冬北界的生物指标。越冬北界一般摆动在北纬21°～25°，也就是1月份平均气温12℃等温线为北限。多年调查结果表明，在湖北省各地自然环境下，褐飞虱任何虫态均不能越冬。

2. 国内（东半部）褐飞虱迁飞规律

褐飞虱在大地区范围内有明显的同期突发现象，通过海上、高空及飞机航空捕获，以及标记释放与回收试验，均证实了褐飞虱有长距离迁飞特性。

每年春夏季，随西南暖湿气流从终年繁殖区由南向北逐步迁飞。随着副热带高压不断西伸北上，西南气流也随之加强北伸，向北迁飞的虫量和范围也不断扩大，常年向北迁飞的进度主要取决于太平洋副热带高压西伸北上的早迟和西南或东南气流的强弱。褐飞虱北迁迁入地的天气主要有锋面（包括冷锋和静止锋）和副高两种天气型。褐飞虱的迁入以锋面天气型居多，特别是始见或零星迁入阶段或一次迁飞过程的迁入波及区，这种类型最为常见。随着季节推移，梅雨的结束，副高天气型便逐渐增多，褐飞虱大量迁入的主降时间，一般受副高天气型控制。总之，高空西南风或偏南风形成的水平运载气流和近地面的下沉气流并存或者和降雨并存，乃是褐飞虱北迁过程中迁入的基础条件。

入秋以后褐飞虱则随东北气流由北向南逐步回迁，褐飞虱南迁迁入地的天气主要有锋面天气型、大陆高压天气型及台风沿海北上型三种。当大气环流形势由夏季型过渡到秋季型的时间越早，褐飞虱首次南迁的时间越早。初期南迁时，常处于冷暖空气在江淮流域角逐频繁阶段，这时迁入地的天气形势都属锋面天气型，之后便是三种型的混合期，当秋季环流型已建立，大陆高压完全取代副高以后，迁入地都属于大陆高压型了。

褐飞虱的一次迁飞过程在300～1500千米范围内会有迁出区和迁入区（包括主降区及波及区）之分。褐飞虱常年在3月中旬前后，即开始零星迁入我国两广南部，4月中下旬至5月上旬出现几次迁入峰：第一次北迁，是由北纬19°以南的终年繁殖区迁来的，主降在北纬20°～23°的两广南部珠江流域及闽南等地；5月下旬至6月初，第二次北迁是从海南岛中部以北及中南半岛同纬度地区迁到我国两广南部与南岭地区，并成为南岭地区早期有效虫源；6月中下旬至7月初出现第三次北迁，由两广南部稻区，主迁到南岭以北，波及长江流域；7月上中旬出现第四次北迁，是由南岭南、北稻区主迁到长江中下游地区，并波及淮河流域；7 月下旬至 8 月上旬出现第五次北迁，自岭北和沿江江南偏南部迁到江淮之间及淮北稻区。8 月下旬至 9 月上旬江淮之间及淮北地区早熟中稻成熟，褐飞虱开始向南回迁，9 月中旬出现由江淮间迁向长江以南的回迁峰；9 月下旬至 10 月上旬，由长江中下游回迁到南岭地区；10 月中旬至 11 月间，由江南、岭北回迁到华南以及更南地区。各年间由于天气条件及虫源数量等影响，每个迁飞过程或峰次的主降范围、降虫中心地区及降虫量可能有所波动，但迁飞路线的基本走向和各次大的迁飞过程，大体上是稳定的。

3. 湖北省褐飞虱发生和为害概况

湖北省稻区地跨北纬 29°5′ ~ 33°20′。沿用湖北省习惯称呼，从北到南一年发生 4 ~ 5 代，由于第一代（5 月）常年仅有零星成虫波及湖北省南部，所以实际上常年只发生 3 ~ 4 代，即包括全国统一划分的沿江四代发生区（南部双季稻区）和江淮四代发生区（中北部中稻区）。为了便于全国和全省虫情交流，又要考虑历年资料整理和沿用历史地方划代习惯，全省划代采用全国统一规定的以成虫为起点的"双代名法"，即前面冠以全国统一发生世代，用中文数目标出，后面括号内用阿拉伯数字标出地方世代：

第二（1）代：5 月中旬及中旬以前；

第三（2）代：5 月下旬 ~ 6 月中旬；

第四（3）代：6 月下旬 ~ 7 月中旬；

第五（4）代：7 月下旬 ~ 8 月中旬；

第六（5）代：8 月下旬 ~ 9 月中旬。

褐飞虱在各稻种（本田）的水稻返青至分蘖期，长型翅成虫迁入，初期迁入种群密度低，这是与白背飞虱显著不同的特点，定居繁殖后，至水稻孕穗期，虫口密度稳定增长，为虫量累积阶段，在水稻孕穗期至抽穗期，出现子代成虫（长短翅型）高峰期，进入抽穗扬花期虫口急剧增长，乳熟至蜡熟期出现若虫数量高峰（高峰世代，下同），黄熟期羽化的长翅型成虫大量迁出，种群数量迅速下降。长翅型成虫在稻田出现迁入主峰后，经过两代定居繁殖，虫口数量达到高峰，大发生年份则暴发成灾，即所谓"隔代成灾"。但1980年8月下旬大量长翅型成虫从四川迁入湖北省，荆州地区各县植保站调查，中稻田百兜长翅型成虫一般300～600头，最高达2000余头，双晚田百兜长翅成虫一般200～400头，最高达600余头，迁入当代繁殖成灾，即所谓"落地成灾"。这是出现在8月下旬特殊气候条件下大量虫源迁入的一个特例。

湖北省南部双季稻区一年发生5代，晚稻上的主害代重于早稻上的主害代。常年5月开始零星迁入，早稻上初见虫，6月下旬出现成虫迁入峰，在早稻收获前出现若虫高峰，一般虫量不大；但迁入峰期早。迁入虫量大的年份，在5月下旬出现迁入峰，定居繁殖后，在6月下旬出现子代成虫（长、短翅）高峰，并伴有外来虫源迁入峰。在7月中下旬出现若虫数量高峰，可造成一定为害。随着早稻黄熟收割，早期羽化的成虫迁出稻田，未能羽化的若虫由于稻田耕整而被淘汰。在双晚分蘖期长翅型成虫迁入稻田定居繁殖后，9月中下旬出现子代成虫（长短翅）高峰，并伴有回迁迁入虫源，在9月下旬至10月上旬出现若虫高峰，常年发生为害较重，发生量大的年份在10月上中旬出现穿顶倒秆，随着水稻黄熟，成虫陆续羽化迁出。

湖北省中部早、中、晚稻混栽稻区在双季稻上发生情况与南部相似，但在早稻上迁入虫量很少，常年在6月下旬初见虫，故发生为害轻微。而在双晚上不但前期迁入稻田虫量很少，而且9月气候条件往往不适合其生存繁殖，常年发生亦不严重。

湖北省中部混栽稻区的中稻与鄂北纯中稻区的中稻，褐飞虱一年发生4代，常年褐飞虱主迁入峰在7月中下旬（早发年在7月上中旬），其子代成虫（长短翅）盛期在 8 月中下旬（早发年相应提前），8 月下旬至 9 月上旬为若虫盛发高峰期，随着中稻黄熟，成虫陆续羽化迁出。本稻区尤其是大洪山周围及大别山以南稻区，大发生频率很高。由于这两个稻区不但褐飞虱的迁入后定居繁殖和为害与中稻的各个生育期吻合很好，为褐飞虱提供了良好的生态和营养条件，而且由于地形特点，具备了有利的降虫条件，所以这两个稻区成为全省褐飞虱主要发生为害区。特别是 80 年代中期以来大面积普及高感褐飞虱的杂交组合汕优 63，更加重了褐飞虱的为害。

在鄂西南山区，中稻区一年发生 4 代，该区显著特点是成虫主迁峰期常年在 7 月上中旬，比鄂中北中稻区早 10 天左右，其子代主害代，成虫盛期（长短翅）出现在 8 月上中旬，若虫高峰出现在 8 月中下旬，其发生为害轻于鄂中北中稻区。

鄂西北属轻发区，一年发生 3～4 代，常年迁入虫量少，发生为害轻微。

4. 影响发生的因素

（1）迁入成虫数量。褐飞虱长翅型成虫迁入早迟和迁入虫量的多少，直接影响当年的发生程度；是年度间发生量剧烈变动的主要原因；主迁峰早、迁入峰次多、峰期长、迁入数量大，是构成当年大发生的基础。褐飞虱趋光性强，6～7 月份灯下诱虫多少反映迁入虫量的大小，但因昼夜迁入量受大气影响并不一致，有的年份灯下虫量与田间虫量相关不大。迁入虫量在各类型稻田的分布实况与迁入时间相关密切。湖北省 5～6 月迁入的虫量在双季稻为主的稻区及混栽稻区主要分布在早稻田内，常年此时迁入虫量较少，所以除南部外，一般早稻上发生数量不大。7 月份是褐飞虱迁入主要时期，此时往往成虫主要集中迁入在中稻田内。6～7 月份（个别年份 5 月下旬开始有一定数量成虫迁入，如 1991 年）褐飞虱迁入迟早和迁入数量多少，往往是影响早稻和中稻田发生数量的主导因素，而对双晚而言，仅是影响其发生量诸因素之一，湖北省南部秋季回迁迁入时间和迁入成虫数量多少，对双晚田发生量有一定影响。

（2）气候条件。褐飞虱喜中温高湿，平均气温26℃～28℃，相对湿度80%～90%时发生最为有利，20℃以下30℃以上不利发生。成虫产卵最适温度为25℃～26℃，超过28℃，产卵明显下降，33℃时成虫寿命缩短，产卵量少，胚胎发育不正常，孵化率降低和低龄若虫死亡增加；气温低于17.5℃，雌虫卵巢发育停滞，低龄若虫发育明显受到抑制。据荆州站调查，1981年第五代双晚田平均百蔸成虫268.3头，其中短翅型成虫41头，9月下旬卵高峰期平均百蔸卵达17463粒；由于10月上旬平均气温骤降至15℃，不但未出现若虫高峰，反而虫量急剧下降。陈若篪等（1986）报道，温度对褐飞虱种群的影响随水稻生育期而有差别。就内禀增长力而言，取食秧苗和灌浆成熟期的水稻的种群，由于食料条件较差，显然在较低温度下（23℃～25℃）最有利于种群增长；而取食分蘖、拔节和孕穗期的种群则在较高温度（27℃左右），最有利于种群的增长。这一结果与湖北省中稻上褐飞虱的发生情况一致，7月至8月上旬，中稻处于拔节至孕穗期，虽是高温季节（全年最高温在7月下旬和8月上旬，历年平均分别为28.6℃和28.1℃），但稻丛间特别是近水面温度比气温要低1.5℃～2℃，即在27℃左右的最佳温度范围，有利褐飞虱迁入主峰出现后定居世代的种群增长和积累，而8月中旬至9月上旬旬平均气温为25℃～27℃，稻丛间近水面气温正是23℃～25℃最佳温度范围，此时水稻处于抽穗至灌浆成熟阶段，气温降低亦有利种群持续增长，并出现虫量高峰。

（3）水稻品种及生育期。水稻品种间抗虫性差异显著。据浙江农科院观察，褐飞虱取食抗虫品种比取食感虫品种的若虫期延长1～2天，短翅型成虫比率减少5%～6%，雌虫产卵前期延长2～5

天，不产卵个体增加 47% ~ 60%，产卵量显著减少，成虫寿命缩短 50% 以上。京山县植保站在大发生 1987 年调查，大面积种植的汕优 63，褐飞虱第四代（主害代）百兜短翅虫平均 197.5 头，比大发生的 1980 年和 1981 年（种植品种为 "691"）短翅成虫密度高 0.6 倍和 1.4 倍，最高时百兜短翅成虫达 1000 头以上。钟祥县植保站在贺集区乐堤村调查，中杂汕优 63 百兜短翅成虫 240 ~ 1375 头，平均 722 头，短翅型成虫数量之大，均为历年所未见；同年中稻主害代若虫高峰期调查，杂交稻汕优 63 百兜虫量平均 7128 头，而常规稻四喜粘百兜虫量平均 730 头，前者比后者虫口密度高 8.7 倍。显然汕优 63 是一个高感褐飞虱的品种。同一品种不同生育期对褐飞虱的生存繁殖亦有不同影响，陈若篪（1986）报道，在水稻分蘖末期和拔节期，最有利于褐飞虱种群的增长，在相同温度条件下，取食上述生育期水稻的种群发育速度快，成虫寿命长，存活率高，在自然条件下有利于种群的积累和增长，往往在孕穗和抽穗后出现虫量高峰。据浙江农科院试验结果，取食秧苗期的褐飞虱，其若虫历期 36.1 天，短翅成虫占 28.6%，每头产卵量 653.6 粒，而取食孕穗期的褐飞虱，其若虫历期 32.5 天，短翅型成虫占 48.5%，每头产卵量 1201.3 粒。

（4）水肥条件。施肥种类、数量和时间，影响着褐飞虱的发生量。偏施氮肥或氮肥施用过迟过多，使稻株生长茂密，贪青晚熟，有利于褐飞虱的繁殖为害。据盆栽试验，按每亩施 10、20、30 千克尿素，褐飞虱的增殖倍数依次为 4.9、8.1 和 10.6 倍。稻田长期深水灌溉，对褐飞虱发生有利，往往短翅型成虫数量大，虫口密度高。广东农科院（1984）试验结果指出，长期深灌区褐飞虱百兜虫量较浅水勤灌结合烤田区高，1.55 倍。

（5）天敌因素。褐飞虱卵期寄生天敌有稻虱缨小蜂及其他缨翅缨小蜂、寡索赤眼蜂等。若虫及成虫期的寄生天敌有线虫、螯蜂

及白僵菌等。荆州站 1978—1990 年田间调查，第四代卵寄生率为
3.1%~11.3%，第五代卵寄生率为 6.9%~15.1%；第四代长翅型
成虫被螯蜂、寄生率为 3.8%~33.3%，第五代为 5.9%~20.8%；
褐飞虱被线虫寄生以短翅型成虫寄生率为高，但年度间波动极大，
第四代短翅型成虫被线虫寄生的寄生率为 16.7%~90%，第五代为
6.2%~96%；秋季降雨量不大，但阴雨日多，相对湿度高。气温正
常的年份，白僵菌对成若虫的寄生率较高。卵期捕食性天敌主要有
黑肩绿盲蝽和稻虱食卵金小蜂。黑肩绿盲蝽成虫每天可取食飞虱卵
10 粒，若虫每天可取食卵 7 粒左右。据研究，黑肩绿盲蝽一个世代
可捕食褐飞虱卵 200 粒/头。若虫及成虫期捕食性天敌甚多，其中包
括各种蜘蛛、黑足蚁形隐翅虫及长颈步甲等。日本小林（1961）就
各种蜘蛛对飞虱、叶蝉的每日最大捕食量作了调查，平均为 3~4
头。可见蜘蛛捕食飞虱能力较强。汉阳县植保站调查，稻田蜘蛛有 9
科 28 属 47 种，常年早、晚稻百蔸蜘蛛量均在 100 头以上，以捕食飞
虱若虫为主。尽管蜘蛛类的种群，无论是周期变动和空间分布都是
依飞虱种类密度而变动的跟随效应，但只要注意保护，在褐飞虱中
等及中等以下发生年份，基本可控制其发生为害。

广东海陵岛（1987）进行不同杀虫剂对褐飞虱种群数量的控
制作用试验，分别选用代表三种类型的杀虫剂：喹硫磷、叶蝉散和
优乐得。这三种杀虫剂各有不同特点，喹硫磷对褐飞虱击倒能力
强，但对其主要天敌（蜘蛛、长颈步甲、黑足蚁形隐翅虫）的毒
力比较强；叶蝉散对褐飞虱的毒力比较明显，但对蜘蛛的毒力较
低；优乐得属于生长调节剂，对同翅目和部分半翅目昆虫起作用，
但在 10 倍于田间使用的浓度下对主要天敌仍是安全的。试验结果
表明，喹硫磷对天敌的毒力较强，而使控制作用下降，其控制指数
明显低于对照区；叶蝉散在施药时表现出良好的杀虫效果，但其杀
死天敌的副作用依然存在，因而控制作用仍不理想；优乐得对蜘

蛛、长颈步甲及黑足蚁形隐翅虫等天敌的作用不明显，虽然对褐飞虱的作用不如其他两种杀虫剂那样迅速，但其控制指数比对照明显提高，表现与天敌协同作用的优良效果。说明在防治褐飞虱施用选择性杀虫剂，可以加强天敌的作用，因而收到更好的防治效果，而滥用农药，不但易导致褐飞虱抗性的产生，而且大量杀死其天敌，常易导致褐飞虱的猖獗。

5. 测报办法

（1）调查内容和方法。田间虫量消长系统调查。一般早稻从 6 月下旬开始，中稻从 7 月上旬开始，双晚从移栽返青开始，各稻种均至黄熟期结束。每类型田各选择生长较好的稻田 3 块，每 5 天 1 次，在成虫迁入代迁入突增期和主害代成虫突增期每 3 天 1 次，每次调查定田不定点，采用随机多点取样。每田块查 10 个点，根据虫口密度大小每点查 2～10 蔸，共查 20～100 蔸，一般采用盆拍法，分别记载褐飞虱长、短翅成虫数、低龄（1～3 龄）及高龄（4～5 龄）若虫数，折百蔸虫数，各次调查时并记载水稻生育期。此外在主害代二、三龄若虫盛期进行虫量普查，选各类型稻田 30～50 块，每块田查 20 蔸，记载成虫（长短翅）和若虫数，计算百蔸虫量。

田间卵量调查。主害代分别在成虫突增始期后和高峰日后 7 天调查 1 次，调查类型田同上，但每类型稻田只查 1 块田，采用随机取样。每块田调查 10 蔸，每蔸拔取外围和中心各 1 株稻苗，共计 20 株，剥查褐飞虱未孵卵数和寄生卵数，未孵卵数按胚胎发育分 4 级记载。若卵量太多，为了节省调查时间，只记载卵条数，再按常年或取样调查每卵条平均卵粒数，推算总卵粒数，并随机调查 10 蔸水稻总株数，计算百蔸未孵卵数及卵寄生率。

天敌调查。捕食性天敌结合田间虫量消长调查，每 10 天调查一次，记载蜘蛛数及黑肩绿盲蝽成若虫数；寄生性天敌在各代成虫高峰期进行，每代捕捉成虫和高龄若虫各 50 头以上，目测（先）和指压（后）相结合记载螯蜂和线虫（指压）寄生虫数，计算寄生率，尤其要调查记载短翅型成虫的线虫寄生情况，对发生量的预测非常重要。

灯光诱集。一般结合其他稻棉害虫测报，采用黑光灯诱集，但有条件的地区，以 200 瓦白炽灯作为光源，诱虫效果较好。

此外，还应注意收集南方虫源越冬信息及早期田间发生动态，供长期预测参考。

（2）发生期的预测。

①要点。a. 各地历年灯下诱虫资料表明，常年 6~7 月份灯下褐飞虱成虫出现的峰期、高峰日及峰次基本与田间成虫出现的峰期、高峰日及峰次相吻合，是预测褐飞虱发生期的重要参考；b. 查准田间成虫迁入峰期、高峰日及峰次，是褐飞虱发生期中期预测的主要依据；c. 查准主害代田间出现成虫峰期、高峰日及峰次是近期预测褐飞虱的发生期的直接依据。

根据全国统一测报办法，褐飞虱是以成虫为起点划分世代（即成虫—卵—若虫），预测时按此规定。

②方法。

中期预测。采用期距法进行预测，供指导田间调查进行近期预测的参考。

$$\begin{array}{c}主害代\\成虫突\\增始期\end{array}=\begin{array}{c}上代成\\虫突增\\始\quad期\end{array}+\begin{array}{c}历年平均上代成虫\\突增始期至主害代\\成虫突增始期期距\end{array}$$

$$\begin{array}{c}主害代\\成虫高\\峰\quad日\end{array}=\begin{array}{c}上\quad代\\成\quad虫\\高峰日\end{array}+\begin{array}{c}历年平均上代成虫\\高峰日至主害代成\\虫高峰日期距\end{array}$$

据荆州站历年（1979—1991）资料，中稻田第三、四代成虫突增期期距为 29.3±3.5 天，成虫高峰日的期距为 30.1±1.5 天；

双晚田第四、五代成虫突增始期的期距为 30±3.8 天，成虫高峰日的期距为 31.2±3.0 天。

近期预测。主要有历期预测和期距预测两种方法。

历期预测：以成虫（主害代主要是根据短翅型成虫）突增始期为起点的历期累加预测法。

$$\frac{二龄}{若虫} = \frac{成虫}{突增} + \frac{产卵高峰前期（迁}{入代为3～5天，} + \frac{卵的}{历期} + \frac{一龄}{若虫}$$
$$\text{始盛期} \quad \text{始期} \quad \text{主害代见附表）} \quad \text{历期}$$

$$\frac{二龄若虫}{盛末期} = \frac{二龄若虫}{始盛期} + \frac{该代历年若虫}{盛孵期幅度}$$

在成虫突增始期比在成虫高峰期预测 2 龄若虫盛期，预测时间提前 3～5 天，在指导防治上较为主动。据荆州站历年资料，历年各代平均若虫盛孵期幅度，在早稻上第三代为 10.7±0.6 天，在中稻上第三、四代分别为 8.3±2.5 天和 11.2±2.8 天，在双晚上第四、五代分别为 9.2±2.9 天和 9.5±2.0 天。

期距预测法：

$$\frac{二龄}{若虫} = \frac{成虫突}{增始期} + \frac{历年平均同代成}{虫突增始期至若} + \frac{一龄若}{虫历期}$$
$$\text{始盛期} \quad \quad \text{虫始盛孵期期距}$$

$$\frac{二龄}{若虫} = \frac{二龄}{若虫} + \frac{历年平均}{同代若虫}$$
$$\text{盛末期} \quad \text{始盛期} \quad \text{盛孵期幅度}$$

据荆州站历年资料，在中稻第四代短翅型成虫突增始期至若虫始盛期期距，在 8 月中下旬至 9 月上旬，旬平均气温 26.7℃～27.5℃条件下，为 11.2±0.8 天，第四代若虫盛孵期幅度同前；双晚上第五代短翅型成虫突增始期至若虫始盛孵期期距，在 9 月中下旬平均气温 21.1℃～22.9℃条件下为 15.1±1.0 天，第五代若虫盛孵期幅度同前。此外，在查准卵的始盛期后，亦可进一步作出若虫始盛期和二龄若虫始盛期的校正预测，指导防治。

在秋季回迁虫源数量大的年份和地区，要根据长翅型成虫迁入突增始期和高峰期，采用历期预测（产卵高峰前期只有 3～5 天）法，作出二龄若虫始盛期及高峰期预测，指导防治。

发生期预测需要说明的问题：①本文采用的成虫突增始期，即成虫开始突增的日期。②迁入代成虫突增始期，以田间调查为主，结合灯下虫量确定。③褐飞虱定居后子代成虫突增始期和若虫始盛期的确定：根据荆州站历年田间系统调查资料，成虫占 15% 左右时为成虫突增始期，有的年份成虫突增始期明显，从前 3～5 天调查成虫 10% 以下，陡增至 40% 以上，亦可定为突增始期；若虫始盛期在调查时一般初孵若虫数比前 3～5 天调查增加数倍至数十倍。

（3）发生量的预测。

①要点。6～7 月份灯下诱虫量是预测褐飞虱全年发生趋势的重要参考。查准田间迁入虫量（水稻返青—分蘖期）特别是主迁峰出现的早迟和迁入成虫数量是褐飞虱发生量中期预测的主要依据。查准田间主害代成虫突增期的成虫（特别是短翅型成虫）数是发生量近期预测的主要依据，再结合发生期内的天气预报及天敌数量综合分析，作出预测。

②方法。

早稻田主害代褐飞虱发生量的预测。主要根据 6 月份灯下及田间迁入虫量，常年 6 月份灯下虫量较少，早稻田虫量亦不大；但早稻田发生量多少反映了早期迁入虫量大小，早稻田发生量与中稻田发生量相关密切。湖北省中南部双季稻区和混栽稻区早稻后期出现褐飞虱为害零星穿顶的年份，往往是中稻上褐飞虱大发生的预兆，查准早稻田后期褐飞虱的虫口密度，可作为中稻褐飞虱发生量预测的重要参考。

中稻田第三、四代发生量的预测。

第三代：褐飞虱迁入早迁入量大的年份，在迁入主峰出现后，作出第三代发生量的预测，提供指导防治和采取"治上压下"防治策略的依据。如 1991 年远安植保站调查，5 月褐飞虱灯下诱虫 239 头（灯下第一迁入高峰出现在 5 月 17 日），第三代在 7 月 10 ~ 15 日短翅型成虫高峰百蔸 5 ~ 20 头。荆州站调查 7 月 3 日短翅成虫平均百蔸 3.4 头，最高达百蔸 8 头，其短翅型成虫发生之早，数量之大，均为历年同期所未见。当代二、三龄若虫高峰期百蔸总虫量均在 1000 头以上。本代预测主要依据成虫高峰期长、短翅成虫数量。

第四代（主害代）：6 ~ 7 月份灯下诱虫量。据宜昌县历年资料，灯下 7 月底以前总诱虫量在 400 头以下，中稻褐飞虱当年轻发生，400 ~ 2000 头为中等发生，2000 ~ 3000 头为大发生，3000 头以上为特大发生。早稻后期及中稻前期虫口密度见荆州站预测分级标准（如表 2-1 所示）。在中稻上无论大小发生年均与高温（成虫迁入主峰后 20 天日最高气温为 33.5℃）的天数多少无明显相关。其原因主要是：此时虽是高温季节，但正是水稻生长盛期，稻丛间特别是近水面温度比气温要低 1.5℃ ~ 2℃，所以小环境仍适合褐飞虱生存繁殖。

表 2-1　　　　　中稻田褐飞虱第四代预测分级标准

（荆州站历年资料）

早稻后期百蔸总虫量（头）	中　　　稻				第四代主害代二、三龄若虫高峰日百蔸总虫量（头）
	第三代成虫高峰日		第四代成虫高峰日		
	百蔸成虫数（头）	其中短翅	百蔸成虫数（头）	其中短翅	
>100	>5	>0.5	>100	>50	>3000
<20	<1	0	<50	<10	<1000

双晚田褐飞虱主害代（第五代）发生量的预测。主要依据如下：6～7月灯下诱虫量及早、中稻田间虫量（是影响双晚发生量的诸因素之一）；双晚田主害代前一代（第四代）及主害代（第五代）的成虫数量（第五代主要是短翅型成虫数量）；第五代发生期间气温及相对湿度。

根据荆州站的资料，双晚田主害代（第五代）若虫高峰期百蔸总虫量达3000头以上的年份，其前兆因素和发生期内有利的气候条件如下：早稻后期百蔸总虫量在100头以上，个别田块出现穿顶，6～7月份灯下诱虫量及中稻田间主害代最高量均达到大发生或接近大发生的虫量水平；双晚田第四代成虫高峰日一般百蔸成虫数大于10头；第五代成虫高峰日百蔸成虫在100头以上，其中短翅成虫60头以上；9月中旬至10月上旬各旬平均气温均在20℃以上，三旬平均气温在21℃以上；9月下旬至10月上旬相对湿度均在75%以上。

后三个条件，缺少一个则只能中度或轻度发生，则第五代若虫高峰百蔸总虫量均在2000头以下；凡第五代成虫高峰日百蔸成虫100头左右，其中短翅成虫在20头以下，不管其他条件具备与否，均只会轻发生。

在预测发生量时，除考虑到虫情外，还要注意主害代发生为害盛期与水稻易受害的危险生育期的吻合程度，如1992年钟祥植保站调查，中杂汕优63田第四代褐飞虱成虫高峰百蔸短翅成虫数，早熟田在60头以下，中熟田120头左右，迟熟田在200头以上，生育期早的田块不但短翅型成虫少，而且不利于成虫产卵繁殖，同时在低龄若虫盛期时水稻已进入黄熟期，所以早熟稻田发生轻微，而中迟熟田块，则达中等偏重至大发生程度。1983年荆州站调查，双晚田第五代成虫高峰日百蔸成虫294头，其中短翅成虫平均达113头，气候适宜其发生，但由于其发生期较迟，而水稻生育期提早，不利成虫产卵繁殖，同时若虫盛孵期与水稻易受害的危险生育期错开，致使该代轻度发生。

发生量的预测亦常用以下两种方法。

增殖倍数法：以上一代二龄若虫高峰期百蔸总虫量乘以一定气候条件下的增殖倍数，即为主害代二龄若虫高峰期的百蔸总虫量。

繁殖系数法：要主害代成虫高峰期百蔸雌成虫数乘以一定气候条件下的繁殖系数，即为该代二龄若虫高峰期的百蔸总虫量。

褐飞虱各相关资料见表2-2至表2-8。

表2-2   **褐飞虱各代成虫发生期**

（荆州（1979—1991年））   （单位：月份/天）

代别 发生期 稻种	第三代			第四代			第五代		
	突增 始期	突增期 幅度	高峰 日	突增 始期	突增期 幅度	高峰 日	突增 始期	突增期 幅度	高峰 日
早稻	7/11.3 ±5.6	10.7 ±0.6	7/16.0 ±7.0						
中稻	7/16.3 ±5.9	8.3± 2.5	7/21.1 ±7.4	8/13.3 ±5.8	11.2 ±2.8	8/19.6 ±7.3			
晚稻				8/16.3 ±6.8	11.0 ±2.9	8/22.8 ±7.0	9/15.2 ±5.1	12.5 ±5.0	9/23.1 ±7.0

表2-3   **褐飞虱各虫态的历期**

（江苏太仓病虫测报站）

卵期	卵期日均温 （℃）	27.7 ~ 29.0	26.6 ~ 27.5	23.4 ~ 26.1	21.3 ~ 22.1	20.3 ~ 21.1	19.8 ~ 20.2
	平均温度（℃）	28.3	27.2	24.8	21.7	20.5	20.0
	全卵期（天）	7.26	8.06	8.60	9.14	10.38	11.51

若虫	若早期日均温（℃）	29.7~30.6	28.2~28.7	27.6~28.0	25.7~26.6	22.5~23.4	21.0~22.1
	平均温度（℃）	30.3	28.5	27.8	26.2	22.7	21.4
	全若虫期（天）	11.9	12.8	13.7	14.8	16.7	21.2

成虫	平均温度（℃）		30.1	28.1	22.8
	成虫寿命（天）	短翅型 雌	22.2	23.9	29.3
		短翅型 雄	15.2	15.4	17.3
		长翅型 雌	16.3	20.2	28.4
		长翅型 雄	15.3	17.6	17.0

表2-4　　　　褐飞虱在不同温度下的若虫各龄历期

（太仓县病虫测报站）　　　　（单位：天）

日均温度范围（℃）	总平均温度（℃）	一龄	二龄	三龄	四龄	五龄	全若虫期
29.7~30.6	30.3	3.0	2.0	2.1	1.9	2.9	11.9
28.2~28.7	28.5	2.8	2.3	2.3	2.4	3.0	12.8
27.6~28.0	27.8	2.9	2.8	2.3	2.5	3.2	13.7
25.7~26.6	26.2	3.3	3.0	2.4	2.7	3.4	14.8
22.5~23.4	22.7	3.8	3.2	2.7	3.0	4.1	16.8
21.0~22.1	21.4	3.8	4.1	3.5	4.0	5.8	21.2
17.3~21.5	18.9	4.7	4.3	5.2	6.0	8.2	28.4

表 2-5 　　　　　　褐飞虱雌成虫产卵高峰前期

（上海（1977—1978 年））

温度（℃）　　　天　数　　翅　型	29.7~30.4	28.5	24.9~25.5	21.3
长翅型成虫	6.6	7.2	9.6	12.7
短翅型成虫	6.0	6.6	7.8	10.4
长短翅型雌虫平均	6.1	6.9	8.2	11.0

表 2-6 　　　　　　褐飞虱雌成虫产卵高峰前期

平均温度（℃）	20.0~22.0	22.5~24.0	24.5~26.0	26.5~28.0	28.5~30.5
产卵高峰前期（天）	11~12.5	9.5~10.6	7.9~9.1	6.4~7.6	4.5~6.0

资料来源：陈良根，等. 褐飞虱产卵高峰前期主其在测报上的应用. 江苏农业科学，1983（5）：27-28。

表 2-7 　　　中稻田及双晚田褐飞虱增殖倍数及繁殖系数

（荆州站（1975—1991 年））

项目	稻种	代别	幅度		
			最多	一般	最少
增殖倍数	中稻	$F_3~F_4$	21~30	10~20	<10
	双晚	$F_4~F_5$	11~20	5~10	<5
繁殖系数	中稻	F_4	61~100	20~60	<20
	双晚	F_5	41~60	20~40	<20

表 2-8 褐飞虱各期卵的特点

卵的分期	发育阶段	特　点
前期	胚盘期和胚带期	外观卵色透明
中期	黄斑期	外观卵色乳白，扩大镜下腹端黄斑可见
后期	反转期和眼点期	眼点鲜红针尖大
末期	胸节期和腹节期	眼点紫红、较大，约占宽的 1/3

　　苏北杂交稻区（中稻）褐飞虱的主害期常年在 8 月下旬至 9 月上旬，其发生程度分阶段预测方法和指标如下：第一阶段 7 月 20 日前后，预测指标见表 2-9；第二阶段 7 月底，预测指标见表 2-10；第三阶段 8 月上旬，预测指标见表 2-11。

表 2-9 褐飞虱上一代迁入峰后田间长翅型成虫量
与主害代发生程度的关系

主害代发生程度（头/百兜）	<800	800～1500	1500～2000	>2500
长翅型成虫量（头/百兜）	<0.5	1	2	>3

表 2-10 7 月底百穴虫量与主害代发生程度的关系

主害代发生程度	偏轻	中等或偏重	大发生
7 月底百兜虫量	≤25	26～50	>50

表 2-11 8 月上旬田间褐飞虱数量与主害代发生程度的关系

主害代发生程度	偏轻	中等	偏重	大发生
百兜褐飞虱量（头）	≤50	51～100	101～200	>200
百兜短翅成虫（头）	<5	6～10	10～20	>20

江苏单季中稻将主峰迁入后的长翅型成虫虫口密度和主害代前一代短翅型成虫虫口密度都分成四级，以迁入的虫口基数等级报主害前一代短翅型成虫虫口密度等级，以主害前一代短翅型成虫虫口密度等级报主害代发生程度等级，分级标准如下（见表2-12）。

表2-12　　　　　　　　褐飞虱预测分级标准　　　　（单位：头/百苑）

地区	分级	迁入代长翅型成虫虫口密度*	主害代前一代短翅型成虫虫口密度**	主害代若虫二、三龄盛期时的虫口密度
苏南和沿江	一	≤1	≤8	≤500
	二	1.1~2.5	8.1~25	501~200
	三	2.6~5.0	26~55	2001~3000
	四	>5	>55	>3000
江淮稻区	一	≤0.5	≤4	≤500
	二	0.6~1	4.1~10	501~2000
	三	1.1~1.5	10.1~25	2001~3000
	四	>1.5	>25	>3000

*迁入代长翅型成虫虫口密度是在灯下出现高峰后调查，隔天查一次，连查3天的加权平均值。

**主害前一代短翅型成虫虫口密度是在出现短翅型突增起，每隔3天一次，连查3天的加权平均值。

首章北等对南岑地区的早稻褐飞虱以6月15日的虫口密度和6月16日~7月5日灯下迁入虫量均分六级，预测7月10~15日主害代的发生程度，分级标准如表2-13。

表 2-13　　　　南岑地区褐飞虱预测分级标准　　　　（头/百蔸）

分　级	一	二	三	四	五	六
6 月 15 日田间虫口密度	≤5	6 ~ 10	11 ~ 30	31 ~ 50	51 ~ 100	>100
6 月 16 日 ~ 7 月 15 日灯下主迁入虫量（头）	≤100	101 ~ 500	501 ~ 1000	1001 ~ 2000	2001 ~ 4000	>4000
主害代田间最高虫量	≤500	501 ~ 1000	1001 ~ 2000	2001 ~ 3000	3001 ~ 5000	>5000

白背飞虱

20 世纪 80 年代以来白背飞虱发生为害明显上升，1982 年、1987—1988 年和 1990—1991 年在湖北省曾大发生。在湖北省西南丘陵山区，大发生频次较高，为害较重；鄂东南、江汉平原双季稻区及鄂中北中稻区属中等发生区；鄂西北常年偏轻发生，为害轻微。

1. 国内越冬概况

白背飞虱专食性很强，常见其嗜食水稻，也在稗草和野生稻上取食。国内调查结果表明，普通野生稻可能是白背飞虱越冬的重要寄主，其冬季没有滞育或休眠现象。其冬季分布动态、过冬的温度指标和生物指标，与褐飞虱基本相同。在暖冬的越冬北界，大致在北纬 25° ~ 26°，以最冷月极端低温在 0℃ 以上，再生稻和落粒苗冬季存活区为界。

2. 国内迁飞规律

国内研究证明，白背飞虱与褐飞虱同样具有长距离迁飞的特性。迁飞的年周期可分为三个过程。

一是春季虫源的迁入：春季虫源主要来自中南半岛，常年在3月中旬前后，随西南气流零星迁入我国两广南部；4月上、中旬至6月初大量迁入我国两广以及南岭以北地区，由于每年西南气流出现的迟早、频率、强弱的影响范围不同，因此每年迁入虫源的迟早、峰次、虫量以及迁入纬度和范围均有所变动。由于西南气流影响很不相同，我国南方东部地区常比西部地区迟而少，在川、湘、黔交界区，虫源迁入始期比东部同纬度地区为早。

二是夏季虫源的北迁：6月至7月初，西南气流北伸可达北纬33°～35°，虫源随着西南气流从广东、广西迁入江南和江淮地区；7月初至8月，随着太平洋高压的加强北移，西南气流常可伸展到北纬40°以北，虫源从岭北、湘西南、黔东南和川东以及后期从江南地区随西南气流迁入华北和东北地区。夏季虫源的北迁，由于气流变化比较复杂，因而形成的迁飞路线多样复杂，变动较大。从全国范围来看，5月底以前东经105°～110°地区比以东的同纬度地区推进要快，6月以后东经110°以东地区推进又比以西地区为快。

三是秋季虫源的回迁：随着东北气流出现，白背飞虱开始自北向南回迁，最早在8月下旬出现，9月以后频繁出现，华南稻区尚可延续至11月。在东北气流的影响下，江淮和江汉平原的虫源向南岭一带以及四川东南边缘山地及云贵东部地区回迁，东北气流较强时还可回迁到云南中部甚至中南半岛。此外如有大范围东风气流时，则出现南方虫源自东向西回迁的情况。

关于白背飞虱的运载气流，经飞机航捕、高山网捕及标记回收证实，白背飞虱在高空随气流被动运行。其水平运载气流有13个主要流型，春季北迁为西南气流型、偏西气流型及偏南气流型；夏

季北迁为西南气流型，西南气流北伸型、南方东南气流型、北方东
南气流型及川东低涡型；秋季回迁为东北风型和东风型，另有北部
湾、南海和东海三种台风型。经水平运载的飞虱随降雨或太平洋副
高控制等下沉气流降落。雨日降虫发生在锋面、槽线或切变线等天
气系统。

3. 湖北省白背飞虱发生为害概况

白背飞虱在湖北省从北到南，沿用习惯称呼，一年发生 4～5
代（实际上一年只发生 3～4 代）。其中江汉平原南部及鄂东南双
季稻偏重发生区一年发生 5 代，在早稻上 6 月中旬至 7 月初为主要
迁入期，田间虫量最高峰出现在 6 月底至 7 月上中旬，双晚田成虫
迁入主峰出现在 8 月上中旬，田间虫量最高峰一般出现在 8 月中下
旬；鄂中北中稻中等发生区，一年发生 4 代，7 月上中旬为主要迁
入期，7 月中下旬在中稻田出现虫量最高峰；鄂西南属常年中等偏
重发生区，迁入期比其他稻区早，迁入峰次比其他稻区多，大发生
频率比其他稻区高，一年发生 4 代，6 月下旬至 7 月上旬为主要迁
入期，7 月中旬左右中稻田出现虫量最高峰；鄂西北属偏轻发生
区，个别年份发生较重，7 月上中旬为主要迁入期，7 月中下旬中
稻上出现若虫为害盛期。

4. 影响发生的因素

（1）迁入虫量。由于白背飞虱在湖北省不能越冬，每年初始
虫源全部由南方迁入，各地调查表明，白背飞虱初期迁入种群密度
明显高于褐飞虱。前期虫源和近期虫源比例，不同年份和地区，波
动很大。荆州地区各地历年调查资料表明，早、中稻 7 月份白背飞
虱大发生的年份和地区，一般均以近期迁入虫源为主，但有的年
份，前期迁入虫源亦占较大比例，宜昌市及恩施州的丘陵山区亦有
类似情况。

成虫迁入期的早迟、峰次多少和迁入虫量大小与发生量的关系

极为密切。不同年份主要迁入时期、峰次及迁入虫量有较大波动。主迁入峰期早、峰次多和迁入量大，往往早、中稻田均严重发生，有的年份迁入主峰出现较迟，而迁入量大，一般只中稻田发生严重。迁入早、迁入虫量大的年份如1987年和1991年。在湖北省南部除5月中下旬有成虫迁入峰外，迁入主峰出现在6月中旬至7月上旬，大量成虫陆续迁入早稻和中稻田内，在早稻田6月底至7月上中旬出现若虫发生为害高峰，而中稻田内7月下旬出现若虫发生为害高峰。1982年荆门迁入主峰出现在7月中旬，大批成虫迁入，亦主要分布在中稻田内，7月下旬至8月上旬为若虫发生为害盛期。同一年度具有不同地形特点地区，主迁入峰迁入虫量亦有很大差异，如荆州市常年以监利、洪湖及钟祥、京山等县市迁入虫量大，其白背飞虱大发生的频次明显高于其他县市，其原因可能是由于洪湖湖面达数十万亩，广阔的湖面附近的监利、洪湖两县市陆地常有"海陆风"出现，具备下沉气流条件，有利迁入虫源降落。而钟祥和京山两县市位于大洪山麓，由于山脉阻挡，亦常具备有利降虫的气象条件。宜昌市宜都植保站调查，1982年以来，白背飞虱发生的显著特点是迁入早数量大，降落集中，"落地成灾"；初迁降落区有两个中心点，即松木坪镇和五眍乡，该处地形均是稻田长廊，两侧有连绵的群山，既有利成虫降落，又有适宜生存繁殖条件。

（2）气候条件。白背飞虱成虫发育适温为25℃~28℃，超过35℃或低于15℃，成虫怀卵率大为降低，高于30℃或低于20℃，对若虫发育不利，相对湿度80%~90%，雨日多，有利若虫发生为害，暴雨对低龄若虫有机械冲刷作用。白背飞虱迁入定居后，受气候变化影响较大，在稻田繁殖没有褐飞虱稳定，加上除迁入代外，其余各代平均繁殖率比褐飞虱低，致使年度间的发生数量出现剧烈波动。据荆州站（荆州地区植保站，下同）观察，1989年第

三代成虫盛期（7 月上旬）平均气温为 26.4℃，日平均气温超过
28℃的只有 3 天（日平均气温无超过 30℃的天气），旬平均相对湿
度 87.9%，温湿度适宜，中稻上第三代成虫繁殖系数为 56.8 倍，
而 1990 年同期平均气温为 27.6℃，日平均气温超过 28℃有 6 天
（其中日均温超过 30℃的有 4 天，日最高气温超过 33℃的有 5 天），
有 4 天相对湿度在 80%以下，第三代成虫繁殖系数只 8.2 倍，显
然 1990 年高温低湿对其发生不利。1988 年第四代发生期间（8 月
份）月平均气温为 27.1℃，月平均相对湿度为 86%，雨日 12 天，
雨量 144.5 毫米，较有利于白背飞虱的生存繁殖，第四代成虫繁殖
系数为 23 倍；而 1990 年同期高温少雨，月平均气温高达 29.1℃，
月平均相对湿度只 77%，雨日仅 2 天，雨量仅 2.2 毫米，该年第 4
代成虫繁殖系数只 7.4 倍。

（3）水肥条件。高氮密植及长期灌水的稻田，有利白背飞虱
的发生繁殖，胡建章等（1983）报道，据试验，高氮区（20 千克
纯氮/亩）比中（10 千克纯氮/亩）、低氮（5 千克纯氮/亩）区白
背飞虱每穴虫量分别增加 20～63 头和 23～126.3 头，比不施肥区
多 144.8 头。高氮区种群繁殖系数比低氮区增加 2～3 倍，且雌虫
寿命长，怀卵量多。其原因主要是孕穗期稻株中的游离氨基酸含
量，高氮区比低氮区高 1～5 倍，有利害虫繁殖。还报道了稻田水
浆管理对白背飞虱发生为害的影响，在不施肥区的低氮区（5 千克
纯氮/亩），深水灌溉田的白背飞虱主峰期虫量比湿润灌溉区分别
高 1.7 倍和 2.1 倍，在中氮（10 千克纯氮/亩）和高氮（20 千克
纯氮/亩）条件下，深水灌溉区的虫量仍比浅水灌溉区高 0.1 倍和
0.2 倍。

（4）水稻品种及生育期。不同水稻品种间白背飞虱发生量有
明显差异。据南方各省研究，80 年代以来白背飞虱种群明显上升
除与从国外迁入虫源数量较大有关外，还与国内杂交稻感虫品种大

面积推广有关。据荆州站 1987 年调查，在白背飞虱主害代若虫高峰期，中杂汕优 63 虫口密度，比常规稻多 43.3% ~ 58.7%；白背飞虱成虫产卵有明显的选择性，喜在生长嫩绿的水稻上产卵。荆州站田间调查结果表明，早稻分蘖至齐穗期、中稻和晚稻分蘖至孕穗期，一般均以白背飞虱占优势。

（5）天敌因素。白背飞虱寄主性和捕食性天敌很多。卵期寄生天敌有多种缨小蜂，成虫及若虫寄生天敌有多种螯蜂、蚋及线虫等。荆州站 1987 年 8 月上旬调查白背飞虱成虫被螯蜂寄生 3.4%；1989 年 8 月上旬白背飞虱短翅型成虫线虫寄生率达 62.5%；白背飞虱捕食性天敌有多种蜘蛛、黑肩绿盲蝽、隐翅虫及步甲等。各种天敌对控制白背飞虱发生数量均起一定作用。

5. 测报办法

（1）调查内容和方法。早、中稻开始调查时间比褐飞虱适当提早，早稻从 5 月下旬开始，中稻从 6 月上旬开始，其余均同褐飞虱。

（2）发生预测。

第一，发生期的预测。

要点：6 ~ 7 月灯下白背飞虱出现的峰期、高峰日和峰次是预测发生期的重要参考；查准田间迁入主峰期、高峰日和峰次是预测发生期的主要依据。

方法：①中期预测：根据白背飞虱主害代前一代成虫突增始期、高峰日或若虫高峰日至主害代相应虫态的平均期距，进行预测，供主害代近期预测的参考。在前期虫源为主的地区应用此法有一定价值，但一般很少采用。荆州站历年中稻田第二、三代若虫高峰日的平均期距为 26.3 ± 5.6 天（6/下 ~ 7/中，气温 27.1℃ ± 1.0℃）。②近期预测：采用历期预测和期距预测法。

历期预测法：

$$\begin{array}{l}\text{二龄} \\ \text{若　虫} \\ \text{始盛期}\end{array} = \begin{array}{l}\text{成虫突} \\ \text{增始期}\end{array} + \left(\begin{array}{l}\text{产卵前期} \\ \text{近期虫源 + 卵期 +} \\ \text{只加2~3天}\end{array}\right) \begin{array}{l}\text{一龄若} \\ \text{虫历期}\end{array}$$

$$\begin{array}{l}\text{二　龄} \\ \text{若　虫} \\ \text{盛末期}\end{array} = \begin{array}{l}\text{二　龄} \\ \text{若　虫} \\ \text{始盛期}\end{array} + \begin{array}{l}\text{历年同代} \\ \text{若虫盛孵} \\ \text{期　幅　度}\end{array}$$

期距预测法：

$$\begin{array}{l}\text{二　龄} \\ \text{若　虫} \\ \text{始盛期}\end{array} = \begin{array}{l}\text{主害代} \\ \text{成虫突} \\ \text{增始期}\end{array} + \begin{array}{l}\text{历年主害代成虫} \\ \text{突增始期至若虫} \\ \text{始盛孵期平均期距}\end{array} + \begin{array}{l}\text{一龄若} \\ \text{虫历期}\end{array}$$

$$\begin{array}{l}\text{二　龄} \\ \text{若　虫} \\ \text{盛末期}\end{array} = \begin{array}{l}\text{二　龄} \\ \text{若　虫} \\ \text{始盛期}\end{array} + \begin{array}{l}\text{历年同代} \\ \text{若虫盛孵} \\ \text{期　幅　度}\end{array}$$

荆州站资料历年白背飞虱在中稻上主害代为第三代，为全年发生为害高峰，该代成虫突增始期至若虫始盛孵期平均期距为11.4±1.8天，主害代若虫盛孵期幅度为6.8±1.1天。

在发生期的预测方面应注意以下几个方面：①以田间系统调查主害代成虫突增始期为起点，比以成虫高峰日预测二龄若虫盛期，在预测时间上可提前5~7天，对指导防治较为主动；②预测方法应以近期预测为主，可兼顾前期和近期虫源；③期距预测法一定要查准预测起点的发生期，特别是跨代的期距，更为重要。

第二，发生量的预测。

要点：①6~7月灯下诱虫量是预测白背飞虱的发生趋势的重要参考；②查准田间前期迁入主峰（前期虫源）的迁入成虫量（或若虫高峰期总虫量）是白背飞虱发生量的中期预测的依据；③查准田间主害代的主峰成虫的数量（包括长、短翅型）是近期预测发生量的主要依据。再结合天气预报，水稻生育状况综合分析进行预测。

方法：①增殖倍数法。即根据主害代前一代二龄若虫高峰日的百蔸虫总虫量乘以一定气候条件下的增殖倍数，预测主害代二龄若虫高峰日的百蔸总虫量（荆州站历年资料见附表）。②繁殖系数法。即根据主害代成虫高峰日百蔸成虫数（以成虫为起点划代）乘以一定气候条件下的繁殖系数，预测主害代二龄若虫高峰日百蔸总虫量（荆州站历年资料见附表）。

无论是采用增殖倍数法还是繁殖系数法，都要根据田间系统调查虫量的变化情况，特别是气候变化对白背飞虱生存繁殖的影响，做好近期校正预报，及时指导田间防治。

白背飞虱各相关资料见表 2-14 至表 2-21。

表 2-14　　　白背飞虱各代成虫突增始期及突增期幅度

（荆州站（1987—1992 年））　　　　（单位：天）

稻种	F_2		F_3		F_4		F_5	
	突增始期	突增期幅度	突增始期	突增期幅度	突增始期	突增期幅度	突增始期	突增期幅度
早稻	6/3.2 ±4.6	4.7± 0.5	7/6.8 ±2.6	4.7± 0.5				
中稻			7/4.0 ±2.9	10.7 ±0.5	7/30.0 ±3.6	5.5 ±1.1		
双晚					8/4.3 ±3.1	7.5± 1.8	8/31.0 ±3.6	12.0 ±5.0

表 2-15　　白背飞虱各代若虫始盛孵期及盛孵期幅度

（荆州站（1977—1990 年））　　（单位：天）

稻种	F₂		F₃		F₄		F₅	
	始盛孵期	盛孵期幅度	始盛孵期	盛孵期幅度	始盛孵期	盛孵期幅度	始盛孵期	盛孵期幅度
早稻	6/13.3 ±2.4	5.3 ±1.2						
中稻			7/16.5 ±3.8	6.8± 1.1	8/17.0 ±2.0	9.0 ±2.0		
双晚					8/19.3 2.1	8.3± 3.1	9/17.5 ±2.9	9.5± 4.3

表 2-16　　　　白背飞虱各虫态历期

（荆州站（1985 年））

产卵前期		卵　期		若虫期	
气温（℃）	历期（天）	气温（℃）	历期（天）	气温（℃）	后期（天）
21.8～22.8	6.2	22.0～23.1	8.5	21.1～22.8	17.3
23.6～24.5	4.1	24.1～25.3	7.7	23.6～24.8	15.5
26.2～27.5	3.3	26.5～27.8	6.6	26.8～28.1	13.5

表 2-17　　　　白背飞虱各龄若虫历期

（黄石（1965 年））　　（单位：天）

代别	一龄	二龄	三龄	四龄	五龄	合计	平均气温（℃）
F1	3.8	3.2	2.7	2.8	3.2	15.7	21.1
F2	3.4	2.7	2.2	2.6	3.1	14.0	25.8
F3	2.3	2.6	2.6	2.6	1.7	11.8	28.2
F4	2.5	2.6	2.3	2.5	2.5	12.5	24.8
F5	4.3	2.7	2.3	3.7	4.5	17.5	20.2

表 2-18　　　　　　白背飞虱各代成虫发生高峰期

（宜恩（1985—1991 年））　　　　　（单位：天）

代　别	成　虫	若　虫
F1	5/28.3±11.4	7/16.7±11.5
F2	6/27.7±7.3	7/15.9±8.3
F3	7/26.2±12.7	8/10.3±11.4

表 2-19　　　白背飞虱各代成虫高峰日至若虫高峰日期距

（宜恩（1985—1991 年））

代　别	期距（天）
F1	21.0±4.9
F2	17.5±4.5
F3	16.7±5.2

表 2-20　白背飞虱上下代二龄若虫高峰日总虫量增殖倍数

（荆州站（1985—1991 年））

稻种	代别	增殖倍数			
		高	中	低	平均
中稻田	F2—F3	10.6~30.1	6.6~9.1	0.6~3.5	9.2
	F3—F4	1.8~2.1	0.3~0.4	0.1~0.2	0.8
双晚稻	F4—F5	3.3	1~1.3	0.2~0.8	1.1

表 2-21　　　　　　白背飞虱各代成虫繁殖系数

（荆州站（1985—1991 年））

稻种	代别	繁殖系数			
		高	中	低	平均
中稻	F3	56.8~103.8	17.2~34.4	8.2~13.4	34.8
双稻	F4	21.6~30.0	12.2~15.8	7.4~7.8	14.6
	F5	40.2	6.6~9.6	1.0~1.4	10.6

稻纵卷叶螟

稻纵卷叶螟是湖北省水稻上主要迁飞性害虫，1966 年以前发生很少，1966 年以后发生为害加重，到了 20 世纪 70 年代，大发生频率明显增加，成为湖北省水稻的主要害虫，80 年代前中期发生为害明显下降，80 年代后期以来又两次暴发为害。历年来在全省大发生的年份有 1973 年、1975 年、1980 年、1989 年和 1991 年。

1. 在国内（东半部）越冬区划

稻纵卷叶螟抗寒力很弱，据研究，1 月份平均气温 16℃ 等温线相当于大陆南海岸线以南地区，可周年为害，没有越冬现象；在 1 月份平均气温 4℃ ~ 16℃，属越冬区，其中南岭山脉一线以南为常年越冬区，以蛹和少量幼虫越冬，南岭以北为零星越冬区，以蛹越冬；在 1 月份平均气温 4℃ 等温线（相当于北纬 30°附近）以北地区，任何虫态均不能越冬，为冬季死亡区。湖北省南部处在越冬北界附近，中北部处在冬季死亡区范围，多年调查，均未见任何虫态越冬。

2. 国内（东半部）迁飞规律

国内研究证明，稻纵卷叶螟在各地普遍存在明显季节性雌蛾生殖滞育和蛾量周期突增现象，并通过越冬区划研究、海上和空中捕捉的结果及异地标放回收试验，证明其有远距离迁飞习性。在每个地区的不同世代（峰次）虫源性质可分为四个类型：基本外地迁入型；部分本地、部分迁入型；基本本地虫源型；本地虫源大部分迁出型。每年春夏季随西南暖湿气流从终年繁殖区由南向北逐步迁飞，全国（东半部）3 ~ 8 月有 5 次大的自南向北的迁飞活动；秋季则随东北气流由北向南逐步回迁，8 ~ 10 月有 2 ~ 3 次自北向南的迁飞活动。一次迁飞过程范围可分为迁出区和迁入区，迁入区又可分为主降区和波及区，一般主降区常为相邻发生区的迁飞，波及区为隔区迁飞。稻纵卷叶螟的迁飞降落与不同季节的天气系统的运行和控制有密切关系，大体可分为锋面型、高压天气型和台风倒槽三种天气型。

3. 湖北省稻纵卷叶螟发生为害概况

按全国稻纵卷叶螟的发生区划，湖北省长江以南属江岭 5～6 代区的江南亚区，长江以北属江淮 4～5 代区。根据荆州站（荆州市植保站，下同，北纬 30°20′东经 112°11′属江淮 4～5 代区）1978年以来的系统观察研究，每年 6 月 10 日以前的虫源，全为外地迁入；6 月中旬至 7 月中旬，仍大部分为外地迁入，其中有的峰次，全为外地迁入；7 月下旬至 8 月下旬，为本地虫源，本地繁育，有的年份如 1989 年 8 月 18～26 日仍有大量回迁虫源迁入降落；8 月下旬末至 9 月初前后，虫源开始南迁，各年开始回迁迟早随偏北气流出现迟早而有差异，直到 10 月迁出结束。根据 1980—1990 年咸宁地区崇阳县植保站（属江岭 5～6 代区）的资料，第二代（6/中～7/上）为少部分本地虫源大部分南方迁入虫源；第三代（7/中～8/上）为本地虫源、常年大部分北迁（1981—1987 年 7 月中有 4 年大部分北迁）；第四代（8/中～9/上）常年为部分本地虫源，部分北方回迁虫源（1981—1990 年 10 年中有 6 年大部分为北方回迁虫源）；第五代（9/中～10 月）为本地虫源全部南迁。

湖北省南部稻区，1 年发生 5 代，以第二、四代为主害代，常年第四代重于第二代；江汉平原混栽稻区，一年发生 4～5 代，常年以第二代为主害代，北部及其他纯中稻区，一年发生 4 代，均以第二代为主害代。各代成虫主峰发生期，荆州站资料第一代常处在5 月下旬，第二代在 6 月下旬～7 月上旬，第三代在 7 月下旬～8月上旬，第四代在 8 月下旬～9 月上旬，第五代成虫主峰发生期不明显。

4. 影响发生的因素

（1）成虫迁入量或上代虫口基数。成虫迁入量的多少是影响迁入虫量为主的世代的发生量的主要因素，湖北省第一代除个别年份（如1991年）外，一般迁入蛾量较少，不造成为害；第二代是主要迁入代，在第二代发生期间，水稻正值生长盛期，又正是梅雨季节，气温、湿度均有利其发生，加上此时天敌数量甚少，故第二代发生程度与迁入蛾量密切相关。据荆州站资料，1975年、1980年、1989年和1991年第二代当地加权每亩蛾量均在500头以上，当年均大发生；湖北省南部双季稻区第四代大发生的年份，往往亦是回迁虫源大量迁入降落的年份，由于此时正值双晚生长盛期，而成虫迁入降落亦伴随锋面降雨天气出现，故气候条件常有利其发生，一般只要迁入蛾量大而早，就大发生，如1988年和1989年。尤其是1989年不但回迁蛾量大，而且分布面广（包括中南部）。据武穴植保站调查，双晚一般田块每亩蛾量5000头左右，最高达60000余头。据荆州站调查，双晚平均每亩蛾量5143头，最高达7800头，该代均大发生。而本地虫源为主的世代，则上代虫口基数仅是影响其发生量的基础条件，实际发生程度还受成虫是否迁出，发生期间的气候条件及天敌数量等诸多因素制约。

（2）发生期间的气候条件。影响稻纵卷叶螟发生量的气候因素，主要是温湿度和雨量。降雨的影响主要有二：一是锋面降雨天气正是蛾群迁入降落的重要气候条件，蛾峰大多伴随降雨出现；二是稻纵卷叶螟蛾产卵、卵的孵化和初孵幼虫存活要求高湿环境。湖南农科院植保所研究，雌蛾发育适温为22℃～28℃，最适为26℃和相对湿度80%～90%。据江苏农学院植保系观察，高温干旱成虫寿命短，相对湿度80%以下产卵极少，室内观察相对湿度28.3%时，成虫寿命7天，30.5%时成虫寿命4.3天；在28.5℃时，相对湿度60%～70%不产卵，相对湿度80%时每头雌蛾仅产卵2粒,而相对湿度达90%时,每头雌蛾产卵38粒。高温对卵的存活影响不显著,室内最高温度40℃,每日处理4小时,孵化率仍达80%~86%,但高温对卵有后遗作用,在平均气温29.7℃时虽卵孵化97%,而孵出的幼虫均不能结苞而死亡。幼虫初孵期湿度越高,死亡率越小;在同样温度下,湿度越高,死亡率越低,而在同样湿度下,则死亡率随温度升高而增大;一般相对湿度在80%以下,日最高气温在35℃以上时初孵幼虫死亡率很高。在相对湿度60%、70%和80%时成虫羽化率分别为60%、75%和100%,但稻田湿度一般均高于75%,所以均能满足成虫羽化的需要。

湖北省稻纵卷叶螟第一、二代和有的年份第四代(南部)发生期间气候条件有利其发生为害,而第三代发生期间,正值高温季节,常年平均气温在28℃以上,超过稻纵卷叶螟发育适温上限,不利其生存繁殖,发生为害往往受到抑制。其原因:一方面高温使成虫寿命缩短,同时高温妨碍卵巢正常发育,据荆州站历年雌蛾解剖资料,第三代盛蛾期间气温在30.2℃~31.2℃时,卵巢为四级的雌蛾占12.2%~20.3%,气温29.6℃~29.7℃时占24.5%~30.2%,气温26.8℃~28.2℃时占31.7%~35%,气温在25.4℃~26.7℃时占44%~56.6%。显然不同气温条件下,四级卵巢的雌蛾比例差异很大。雌蛾卵巢四级是产卵盛期,其比例大,产卵期长,产卵量多。而第三代发生期间常遇高温,雌蛾卵巢为四级的比例下降,减少了稻纵卷叶螟的发生量。另一方面高温常伴随干旱,亦不利于初孵幼虫存活。

(3)品种及生育期。不同水稻品种对稻纵卷叶螟抗性差异不显著,但成虫对水稻生育期和长势却有明显的选择性,不同生育期及长势的稻田,无论是着卵量还是初孵幼虫,成活率都存在极显著的差异。处于分蘖期生长嫩绿的稻田易诱集成虫大量产卵和有利初孵幼虫的成活，而处于孕穗抽穗期的稻田，不但着卵量少，而且初孵幼虫成活率低。

在双季稻区，稻纵卷叶螟第二代发生期间，常年早熟早稻处于灌浆阶段，而迟熟早稻尚处于抽穗扬花期，故往往迟熟早稻受害重于早熟早稻。在混栽稻区第二代发生期间，早稻处于抽穗扬花至灌浆阶段，而中稻尚处于分蘖盛期，故中稻受害重于早稻。

（4）天敌数量。稻纵卷叶螟的天敌很多。寄生性天敌中卵期寄生的有拟澳洲赤眼蜂，稻螟赤眼蜂等；幼虫和蛹期寄生的有茧蜂、姬蜂及寄生蝇等。荆州站观察：以第一、二代寄生率较低，第三、四代寄生率较高，年度间寄生率变化较大（见表2-22），各种寄生天敌中，以拟澳洲赤眼蜂对卵的控制作用和稻纵卷叶螟绒茧蜂对低龄幼虫的控制作用较为显著；捕食性天敌中有蜘蛛、青蛙及蜻蜓等。在一般发生年份。天敌对稻纵卷叶螟有一定的控制作用，但大发生年份，特别是迁入虫源为主的第二代，天敌的数量往往跟不上寄主的繁殖数量，不可能控制其为害，以后各代往往出现卵多虫少或低龄幼虫多、高龄幼虫少的情况，除了其他因素外，无疑天敌亦起了一定控制作用。

表2-22　　　　稻纵卷叶螟各代卵、幼虫及蛹的寄生率
（荆州站（1978—1989年））

寄生率 % 代别 虫态	卵	幼虫	蛹
F1	2.5±2.1	2.4±2.2	
F2	7.6±4.9	15.5±11.8	11.5±8.8
F3	14.4±7.9	38.2±25.3	15.8±10.9
F4	18.1±7.2	45.3±22.9	32.0±14.8

5. 测报办法

（1）调查内容和方法。

①田间蛾量调查。根据不同生态区划确定重点测报站，全年系统赶蛾，一般站只在各世代成虫突增期赶蛾。系统赶蛾从常见年始见蛾前5天开始，按季节依次选择有代表性的稻田各3块，每2天一次；上午赶蛾；每次赶蛾面积不少于0.1亩；逆风前进，用竹竿拨动稻株，目测起飞蛾数，记载蛾量，计算每亩蛾量。以蛾量开始突增日定为蛾突增始期，当查到蛾量明显下降时，即以蛾量最多的一天，定为蛾高峰日。一般测报站只在各世代成虫突增期赶蛾，第一、二代参考历史资料，在常年成虫突增始期，当出现锋面降雨天气时开始隔日赶蛾，到成虫剧降时赶蛾结束；第三、四代在查准第二代的成虫峰期和峰次的基础上，根据期距，在预计第三、四代成虫突增始期前3~5天开始隔日赶蛾，其余同第一、二代；第四代尚有迁入虫源的地区，可参考常年迁入期；当出现锋面降雨天气时开始赶蛾，其余同第一、二代。此外，赶蛾对象田均应选择生长较好的稻田，以便查准成虫峰期、峰次和蛾量。

②雌蛾卵巢发育程度调查。重点测报站在进行系统赶蛾时，结合隔日赶蛾，每次随机采集雌蛾20头进行解剖，一般测报站在各代成虫突增期内，解剖2~3次，记载卵巢级别，交配次数（包括未交配），计算各级卵巢雌蛾百分率、交配率及平均交配次数。

雌蛾解剖方法：在培养皿内放水数滴，滴水多少以使解剖灵活而不飘浮为度，两手各持尖头（磨尖）镊子一把，左手用镊子夹住头胸部，右手用镊子从雌蛾胸腹交界处取下腹部，放入培养皿水滴中，背面向上，左手用镊子夹住尾部，右手用镊子从尾部背面向前轻轻撕去背壁，再用镊子翻转蛾体，撕去腹壁，露出一对卵巢及其他生殖系统附件，再用镊子在水中轻轻拨出卵巢，观察其发育级别，然后取出交配囊，撕开后检查精包有无、精包个数。

③田间卵量及卵寄生率调查：调查类型田同赶蛾田，调查时间可分别在蛾突增始期及蛾高峰后各 3 天调查 2 次，每田块随机取样，每点 1 兜，共查 5 兜，记载有效卵（已孵及未孵）、寄生卵和干瘪卵，折算百兜有效卵，寄生及干瘪卵的百分率。

④幼虫密度调查：在各代二、三龄幼虫盛期调查一次，调查田块与赶蛾田块相同，采用双行平行跳跃取样，每田块查 20～50 兜，记载各龄幼虫数及小苞数，计算百兜小苞数及幼虫数。

⑤残存虫口密度、寄生率及为害叶率调查：在各代四龄幼虫盛期（防治后）进行，调量田块及方法同前，记载活虫数（幼虫、蛹）、寄生数（有条件的地区可采回幼虫、蛹各 50 头，室内饲养，观察其寄生率）及受害叶数，另取 5 兜记载总叶片数，计算每亩残虫量，受害叶率及幼虫和蛹的寄生率。

（2）预测方法。

①发生期的预测：根据当地各代虫源性质，采用期距预测、历期预测或两种方法相结合，预测各代二龄幼虫盛期，各代具体预测方法如下。

第一代：采用历期预测法。湖北省第一代全为外来虫源，只能根据成虫迁入突增期，采用历期累加，预测二龄幼虫盛期（方法同第二代）。第一代在湖北省常年为波及区，一般迁入蛾量很少，蛾峰不明显，但有的年份，如 1991 年，湖北省南部迁入蛾量较大，仍需要防治，故需作出二龄幼虫盛期预测。

第二代：采用历期预测法。湖北省第二代仍主要为外来虫源，亦需根据成虫迁入突增期，采用历期累加，预测二龄幼虫盛期，具体方法如下。

二龄幼虫始盛期 = 成虫突增始期（蛾开始突增日，下同）+ 卵的历期 + 一龄幼虫历期

$$\frac{二龄幼虫}{盛\ 末\ 期} = \frac{二龄幼虫}{始\ 盛\ 期} + \frac{历年同代盛}{孵\ 期\ 幅\ 度}$$

在预测时应注意：一是因该代主要为外来虫源，预测发生期时不加产卵前期；二是在成虫突增始期时即应作出二龄幼虫盛期预测，若在蛾高峰出现后再作预测，则离防治适期太近，特别是大发生年份，往往由于遇雨等原因，易贻误防治适期；三是该代历年幼虫盛孵期幅度为 4.5±2.2 天（荆州站）。

第三代：采用期距预测法和历期预测法。

期距预测法：该代为本地虫源，故根据历年第二代成虫突增始期及高峰日至第三代相应虫态的期距，预测第三代的成虫突增始期及高峰日，作为指导田间第三代蛾量调查及近期预测的参考。

荆州站历年资料，第二代至第三代成虫突增始期和高峰日的期距分别为 30.0±1.4 天和 30.0±1.2 天。第三代幼虫盛孵期幅度为 6.3±3.1 天。

$$\frac{第三代}{成虫突} = \frac{第二代}{成虫突} + \frac{历年第二、三}{代成虫突增始}$$
$$\frac{增始期}{} \quad \frac{增始期}{} \quad \frac{期\ 平\ 均\ 期\ 距}{}$$

$$\frac{第三代}{成虫高} = \frac{第二代}{成虫高} + \frac{历年第二、三}{代成虫高峰日}$$
$$\frac{峰\ 日}{} \quad \frac{峰\ 日}{} \quad \frac{平\ 均\ 期\ 距}{}$$

历期预测法。在田间实查到成虫突增始期时，采用历期累加，作出二龄幼虫盛期预测，方法同第二代，但要加产卵前期（3 天）。

第四代：中稻区全部成虫外迁不需预测，其他稻区虫源性质不同，预测方法亦异。

主要为本地虫源的地区或年份：发生期的预测方法是采用期距与历期预测相结合，具体方法与第三代相同，荆州站历年第三、四代成虫突增始期期距为 31.1±2.1 天，第四代幼虫盛孵期幅度为

6.8±2.0 天。

主要为外来虫源的地区或年份：发生期的预测采用历期预测法，具体方法同第二代。

第五代：常年虫源向南回迁，不作预测。

②发生量的预测：主要根据当代高峰日蛾量或上代虫口基数、虫源性质、天气预报当代发生期间的气候条件及天敌寄生情况等因素综合分析进行预测。由于纬度、栽培制度及年度间气候的变化，致使各地各代蛾量、虫源性质和低龄幼虫量均出现剧烈波动，故往往还需根据二、三龄幼虫盛期田间虫量进行校正，指导防治。各代发生量具体预测方法如下。

第一代：由于全为迁入虫源，只能根据田间迁入蛾量，作出发生量的预测，由于常年迁入蛾量少，发生为害轻微，只在迁入蛾量大的年份（如 1991 年）进行预测，但每年均应调查第一代迁入蛾量和残存活虫密度，供预测第二代发生量的参考。

第二代：有中期预测和近期预测。

中期预测：根据第一代成虫高峰日蛾量及残存活虫密度预测第二代成虫高峰日蛾量，可供近期预测的重要参考。根据荆州站 1975—1991 年资料，第一代成虫高峰日蛾量（头/亩，x_1）和第一代残存活虫密度（头/亩，x_2）均与第二代成虫高峰日蛾量（头/亩，y_1，y_2）呈极显著的正相关，其直线回归预测式分别为：

$$y_1 = 33.7089 + 13.8258x_1 \quad r = 0.9466 \quad p < 0.01$$
$$y_2 = 113.1078 + 2.0246x_2 \quad r = 0.8644 \quad p < 0.01$$

由于根据迁入蛾量预测发生量，离防治适期很近，用以指导防治往往较为被动，而根据第一代成虫高峰日蛾量和残存活虫密度，采用以上回归预测式预测第二代发生量，可提早预测时间 20 ~ 30 天，增强预见性和预测的主动性。1980 年以来荆州站根据第一代成虫高峰日蛾量和残存活虫密度预测第二代发生量，与实况基本吻合（据此，并在加上以后年份资料的基础上，计算得出以上回归方程）。分析其原因，可能是第一代迁入本地的虫源较多（湖北省第一代为波及区，即波及区迁入蛾量较大），说明主降区（湖北省以南相邻地区，即第二代虫源基地）的蛾量更大，即湖北省第二代的虫源多，迁入湖北省的虫源数量亦可能较大。根据荆州站历年资料，第一代当地加权平均每亩蛾量 40 头以上，或平均每亩残虫量 150 头以上，是第二代稻纵卷叶螟大发生的预兆（其具体标准南北部各不相同）。

近期预测：第二代仍主要为外来虫源。根据荆州站历年资料，第二代成虫高峰日蛾量与第二代二龄幼虫高峰日虫量相关极显著，相关系数 $r = 0.9404$（$p < 0.01$），故一般根据成虫历年高峰日蛾量即可作出发生量的预测。荆州站历年资料第二代蛾量、卵量和虫量关系大体如表 2-23。

表 2-23　　　　　第二代稻纵卷叶螟蛾量、卵量和虫量

（荆州站（1975—1991 年））　　　　　（单位：头）

成虫高峰日每亩蛾量 （当地加权）	卵高峰百蔸卵量 （当地加权）	二龄幼虫高峰百蔸虫量 （当地加权）
<200	<100	<30
200 ~ 500	100 ~ 200	30 ~ 100
>500	>200	>100

第三代：根据各地区虫源性质，分区进行。再结合卵量和虫量调查进行校正。

本地虫源本地繁育的地区（包括湖北省中北部）：其第三代发生量的预测，除根据上代残存活虫密度或当代成虫高峰日蛾量外，

还应结合天气预报、第三代发生期间的气温、雨日和降雨量等因素进行。根据荆州站历年资料，第三代发生量与第二代残存活虫密度和第三代发生期间（成虫突增期至卵盛孵期）气温及相对湿度有关。荆州站 1975 年以来的资料表明，第二代残存活虫密度太低，每亩虫量在 200 头以下，则虫口基数就制约着第三代发生量，而第二代残存活虫密度很高的年份，则视第三代发生期间的气候条件不同而有三种情况。如 1975 年、1976 年、1980 年和 1991 年，这四年第二代每亩残虫量均在万头以上。其中 1976 年第三代发生期间平均气温 29.9℃，大大超过其发育适温上限，平均相对湿度仅为78%，亦低于其发育适宜湿度下限，不利其生存繁殖，第三代轻度发生，二龄幼虫盛期加权平均百苑虫口密度 30 头以下。1975 年第三代发生期间，平均气温为 28.3℃，相对湿度为 83%，温度略高于其适温上限，湿度位于其适宜湿度下限，第三代中度发生，二龄幼虫盛期加权平均百苑虫密度 52.5 头。1980 年和 1991 年第三代发生期间，平均气温分别为 25.4℃ 和 26.1℃，均在其发生适温最佳范围，平均相对湿度分别为 88% 和 86.7%，亦在其发生适宜湿度的最佳范围，这两年均大发生，二龄幼虫盛期加权平均百苑虫量均在 100 头以上。

本地虫源常年大部分迁出的地区（包括湖北省南部）：其发生量的预测除参考上代残虫量或当代蛾量外，还要根据雌蛾卵巢级别，结合近期天气预报，作出短期预测。若一级雌蛾比例大，天气高温干旱，则将轻发生。但有的年份如 1991 年湖北省南部第二代残存虫量大，第三代蛾量高，由于盛蛾期中温多雨，三级以上的雌蛾比例高，不但成虫没有迁出，而且气候适宜，致使第三代连续大发生。

第四代：应首先根据虫源性质，再分区进行预测。

本地虫源全部迁出的地区（包括湖北省中北部纯中稻区）：由

于第四代成虫发生期间，水稻接近成熟，缺乏适宜的生存条件，虫源全部迁出，不作发生量的预测。

常年本地虫源的地区（包括湖北省中部混栽稻区）：本地区虫源性质年度间变动很大，首先要根据当年虫源性质，再结合其他因素进行预测。荆州站1975年以来的资料，历年虫源性质有以下三种情况：

本地虫源本地繁殖的年份：由于第四代发生期间，气候往往不利其发生，加上各种天敌控制力加强，由于诸多因素的制约，本地虫源本地繁育的年份，一般发生为害轻微。第三代残虫量少，第四代蛾量低的年份如1982年第三代加权平均每亩残虫量只980头，第四代双晚田蛾、卵量均少；第三代虫口基数大，第四代蛾多、卵多虫少的年份，如1981年第三代加权平均每亩残虫量达19373头，第四代蛾卵量均很大，双晚田每亩蛾量为1313头，百蔸卵量1320粒，但由于卵盛孵期内相对湿度只78.4%，初孵幼虫成活率只8.2%，加上幼虫寄生率亦高达70.6%，该代发生为害轻微。

本地虫源大部分迁出的年份：不论第三代虫口基数大小，第四代虫源大部分迁出后，发生为害均很轻微，如1980年和1991年虽第三代每亩残虫量分别为17752头和12235头，第四代双晚田平均每亩蛾量分别为1740头和2850头，由于虫源大部分南迁，该代蛾多卵少，发生轻微。

部分本地、部分北方回迁虫源的年份：典型的回迁迁入蛾量大的年份有1989年。据荆州站调查，该年第三代发生量很少，残存虫量极低，而第四代由于回迁虫源大量降落，双晚田平均每亩蛾量最高达5143头，平均百蔸卵量高达2360粒，未防治百蔸虫量均在100头以上。回迁虫源迁入一般出现在8月中下旬，历年两旬平均气温分别为27.5℃和26.7℃，而回迁虫源降落均出现在锋面降雨天气，温湿度适宜，同时此时晚稻又是生长盛期，故只要根据迁入成虫数量大小，就可预测发生量。

　　常年大部分为迁入虫源的地区（包括湖北省南部）：常年有回迁虫源迁入，第四代常年为主害代。据咸宁市崇阳县植保站1981—1990年资料，10年中6年有北方回迁虫源迁入，5年达中等以上发生程度。而在达中等以上发生程度的5年中，有4年的虫源是北方回迁虫源迁入所致。由于本区第四代发生期间，常年有稻纵卷叶螟回迁虫源迁入，又有适宜的生存繁殖条件，故大发生的频率较高，本区发生量的预测，一方面要根据上代残虫量，另一方面密切监测回迁迁入蛾量，结合雌蛾卵巢级别，参考9月上中旬的天气预报（有无较强的降温过程）再结合其他因素，作出近期预测，若田间蛾量多，3级以上雌蛾比例高，气温24℃以上，多阴雨，则预测大发生。

　　第五代：成虫全部南迁，不作预测。

　　稻纵卷叶螟各相关资料见表2-24至表2-28。

表2-24　稻纵卷叶螟成虫突增期、高峰日及幼虫盛孵期幅度
（荆州站（1975—1991年））

代别	成虫		幼虫盛孵期幅度（天）
	突增期	高峰日	
F_1	5/下 ~6/上	5/29.8±10.7	
F_2	7/1.5±6.5 ~ 7/6.8±7.1	7/3.6±7.0	4.5±2.2
F_3	7/30.5±7.5 ~ 8/5.7±7.3	8/1.5±7.5	6.3±3.1
F_4	8/25.6±8.7 ~ 9/2.1±10.0	8/29.8±11.0	6.8±2.0

表 2-25　　　　　**稻纵卷叶螟成虫和卵的高峰期**

（宣恩站（1985—1991 年））

代别 高峰期 虫态	F_1	F_2	F_3
成虫	6/6.3±4.9	7/8.2±8.7	8/10.6±9.3
卵	6/8.2±5.0	7/9.4±7.0	

表 2-26　　　　　**稻纵卷叶螟各虫态历期表**

（荆州站（1984 年））

代别 项目 虫态	第二代		第三代		第四代	
	历期 （天）	温度 （℃）	历期 （天）	温度 （℃）	历期 （天）	温度 （℃）
成虫	5.6± 1.8	25.0 ~ 26.1	3.8± 2.2	28.0 ~ 28.8	4.8± 1.9	27.2 ~ 27.4
卵	4.6± 0.3	24.4 ~ 26.4	3.8± 2.2	28.4 ~ 28.8	4.2± 0.4	27.4 ~ 27.8
幼虫	17.5± 1.1	25.6 ~ 27.2	14.3± 1.2	28.8 ~ 30.2	16.8± 0.9	25.2 ~ 27.8
蛹	6.8± 0.3	26.6 ~ 28.6	6.1± 0.3	27.9 ~ 29.3	8.8± 0.3	22.9 ~ 24.8

表 2-27　　　　　**稻纵卷叶螟各龄幼虫历期**

（荆州站（1978 年））　　　　　（单位：天）

虫龄 代别	一龄	二龄	三龄	四龄	五龄	合计
F_2	3.5	2.8	3.0	3.2	4.3	16.8
F_3	3.0	2.1	2.0	2.1	3.1	12.3
F_4	3.3	2.6	2.8	2.4	3.4	14.5

表 2-28　　　　稻纵卷叶螟各龄幼虫历期

（恩施站（1978 年））　　　　　（单位：天）

虫龄 项目 代别	一龄		二龄		三龄		四龄		五龄		全幼虫期 （天）
	历期 （天）	日均温 （℃）	历期 （天）	日均温 （℃）	历期 （天）	日均温 （℃）	历期 （天）	日均温 （℃）	历期 （天）	日均温 （℃）	
F_1	3.4	24.0	5.6	25.0	3.2	24.0	2.0	21.4	3.1	26.1	17.3
F_2	3.3	24.7	3.8	26.8	2.8	27.3	3.3	28.1	1.4	28.7	14.6
F_3	3.1	26.7	2.6	27.8	2.6	29.1	2.3	28.6	2.5	28.4	13.1
F_4	3.9	21.9	5.2	20.4	4.6	19.2	4.8	18.2	7.7	17.6	26.2

三 化 螟

1. 发生和为害

三化螟是湖北省主要水稻害虫，其发生分布可分为三种类型：一是鄂东南双季稻区和江汉平原混栽稻区，一年发生 3 ~ 4 代，以第三代为主害代，其中江汉平原混栽稻区基本无第四代为害；二是鄂中及鄂西南中稻区，一年发生 3 代，以第三代为主害代，20 世纪 80 年代以来发生为害明显下降；三是鄂西北大山区，除低山外，很少有三化螟发生。

2. 影响发生的因素

（1）气候条件。气候条件是影响三化螟发生数量消长的重要因素。

越冬期间的低温可使越冬幼虫大量死亡，降低越冬有效虫源基数，如 1954 年大发生后，由于元月份低温为 -1.7℃，极端低温为 -15.5℃，-8℃低温持续 6 天，越冬幼虫死亡 95% ~ 98%，致使三化螟种群受到致命打击，1955 年轻度发生。

幼虫化蛹及成虫羽化期间的降雨量，也影响其发生量，越冬代幼虫化蛹期间及其以前一个月左右多雨，稻苑中的三化螟或因缺氧窒息，或因病原微生物繁殖寄生，并随径流而蔓延感染，或随灌水耕整而死亡。据荆州站（荆州市植保站，下同）观察，1977 年 4月中下旬降雨 227.8 毫米，致使越冬后虫蛹死亡 75% ~ 83%，当年各代均发生轻微；而 1978 年和 1979 年，由于 3 ~ 4 份少雨，春耕缺水，大面积绿肥翻耕推迟；增加了冬后有效虫源数量，第一、二代发生量加大，随后 7 ~ 8 份高温少雨，致使第三代大发生；而 1980 年由于 6 ~ 8 份暴雨频繁，总降雨量 958 毫米，各月平均气温依次比历年低 1.4℃、1.3℃、2.3℃，不利于三化螟的发生繁殖，第二、三代均轻发生；1989 年第二代幼虫化蛹期间（7/下 ~8/上），连续两旬雨量均超过 100 毫米，造成虫蛹大量死亡，致使第三代轻发生，当年越冬虫口密度急剧下降，随后 1990年和 1991 年第一代幼虫化蛹羽化期间遇暴雨（1990 年 6 月底 ~7月初两次）、特大暴雨（1991 年 7 月上旬），致使发生数量已处于低谷阶段的三化螟几乎销声匿迹。

螟蛾盛发或蚁螟盛孵期内受暴雨袭击，对其发生不利。第一代和第四代成虫发生期间遇 20℃ 以下的低温，雌蛾产卵减少或不产卵，发生为害减轻，如 1965 年第三代大发生后，第四代盛蛾期间，气温骤降，9 月 6 ~ 13 日平均气温为 18.3℃ ~ 20.8℃，其中 9月10 ~ 12 日为 18.3℃ ~ 19.8℃，9 月中旬旬平均最低气温为 17.1℃，第四代蛾量虽大，但卵量很少，发生为害急剧下降。

（2）栽培制度。40 年来，三化螟的几度兴衰与水稻栽培制度的变化有密切关系，这是众所周知的事实。

栽培制度的变化使水稻的易受害生育期与螟卵盛孵期的吻合程度发生变化，从而也影响螟虫发生量的变化。冬播作物的种类和面积，不但直接影响冬后有效虫源的数量，还能影响水稻的播插期，进而影响螟虫发生数量。20 世纪 80 年代初期荆州地区中南部推行农业生产责任制以后，冬播作物面积扩大，早、中、晚稻混栽，移栽期延长，致使冬后虫源及各代为害桥梁田增加，螟害加重，1988 年达发生为害高峰，全区达大发生程度。

在栽培制度相对稳定条件下，品种变化也影响三化螟的发生数量，不同水稻品种对螟虫的抗性和耐性不同，能影响三化螟种群的消长，更重要的是水稻品种生育期的长短，影响着苗情和虫情的吻合情况，从而影响螟虫大幅度消长。湖北省荆门、钟祥等县市纯中稻区在 80 年代中后期中杂汕优 63 取代常规中稻"691"后，由于汕优 63 生长旺盛，营养丰富，使第二代三化螟幼虫发育期延长，导致第三代盛孵期推迟。而汕优 63 的生育期比"691"提早（7 ~ 8 天），这样第三代三化螟盛孵期与水稻抽穗期不相吻合，不仅减少了侵入量，同时侵入后由于杂交稻成熟早，使第三代三化螟不能顺利完成发育，因此，三化螟逐年发生为害减轻。荆门市第三代三化螟的残虫量从 1985 年至 1991 年依次为 1892.5 头/亩、1300 头/亩、594.7 头/亩、475 头/亩、245 头/亩、62.4 头/亩、0 头/亩，显然推广杂交稻汕优 63 后，对控制三化螟的发生起了决定性的作用。荆州地区南部各县市双季稻区，80 年代以来由于双晚杂交稻面积扩大，而常规稻由中熟品种"105"等取代迟熟品种农垦 58，水稻生育期均明显提早，也避开了第四代三化螟的为害。

（3）天敌影响。三化螟天敌种类很多，对控制其发生有一定作用，卵期寄生蜂主要有稻螟赤眼蜂、拟澳洲赤眼蜂和多种黑卵蜂等，荆州地区农科所 1962—1964 年调查，三化螟第三代卵寄生率为 28.3% ~ 41.7%，第四代卵寄生率为 35.3% ~ 53.3%；幼虫寄生蜂有中华茧蜂、三化螟抱缘姬蜂等 10 余种；蛹期寄生天敌有螟黑瘦姬蜂、爪哇沟姬蜂等幼虫蛹兼性寄生蜂；扑食性天敌有步甲、蜘蛛等，还有一些病原微生物及线虫等。

3. 测报方法

（1）调查内容和方法。

幼虫蛹的发育进度调查：在各代幼虫始盛蛹期至化蛹高峰期调查1～2次。具体调查时间可依据当年气候情况参考历年始盛蛹期，调查一次后，若尚未进入始盛蛹期，隔3～5天在预计进入始盛蛹期后再调查一次。越冬代调查有效越冬虫源田，亦可在冬前或冬后3月上旬，选越冬虫口密度大的稻田，采集一批稻蔸，呈条状埋于当地主要越冬虫源田内（要模仿田间残留稻蔸的自然状态，即将根部埋入土中而残茬外露），这样便于调查取样，以节省时间，以后各代取主要虫源田进行调查。取样时注意拔取20个以上的被害团和团内的新老被害株，每次剥查总活虫数应在50头以上，低密度时也不得少于30头，记载幼虫数、各级蛹数、蛹壳数及死虫数。在早、中、晚稻混栽稻区，第二代为害早稻（造成白穗）和中稻（造成枯心），在早稻田内为害的幼虫发育进度比中稻田内的要快，应按虫源田面积比例取样，一般中稻是主要虫源田，故取样以中稻为主。而第三代幼虫为害中稻和双晚，在中稻田内第三代幼虫转化率（化蛹率）很低，而双晚田内的三化螟幼虫转化率较高，是第四代的主要虫源田，故只调查双晚田幼虫蛹的发育进度，即可作出第四代的发生期预测。

卵块密度调查：在各代始盛蛾期及高峰后各2～3天选主要产卵对象田3～5块，按双行平行取样法，每块田各查100～200蔸，记载已孵和未孵块数量，折算每亩卵量。

残存活虫密度及螟害率调查：在各代幼虫始盛蛹期为害基本定局时，选各主要类型田3～5块，越冬代残存活虫密度采取单对角线五点取样，未翻耕田每点拔取稻蔸20～40丛，翻耕稻田或冬种作物田，每点取4～6米^2，拾取外露可见稻蔸，剥查记载死活虫数。冬后各代残存活虫密度及螟害调查，采用双行平行跳跃取样法，每田块查200兜，记载被害株数及剥壳死活虫数，并调查20兜总稻株数及测量株行距，计算每亩残存活虫密度、虫蛹死亡率及被害株率。

此外有条件的地区还可结合田间调查，采集卵、幼虫（老熟）和蛹，卵不少于30块，幼虫、蛹不少于30~50头，采回后对卵块观察至孵化，幼虫饲养观察至化蛹羽化或死亡为止，蛹观察至羽化或死亡为止，分别记载寄生数，计算寄生率。

诱测灯的观察：光源用20瓦的黑光灯，灯高离地1.7米，每年4月底开始，结合其他稻虫诱测，至10月中旬结束。每天自天黑开灯，至天亮关灯，逐日记载雌雄成虫数。

水稻生育期及防治情况记载：结合虫情调查，记载当地主要稻种生育期（包括移栽期、分蘖期、孕穗期、抽穗期及收割期）并记载药剂防治时间、面积等。

（2）预测方法。

期距预测法：以成虫为起点划代作标准，进行预测。

$$始盛蛾期 = \frac{上代始}{盛蛾期} + \frac{常年平均上代始}{盛蛾期至当代始盛蛾期的差距}$$

$$始盛蛾期 = \frac{上代}{始盛蛹期} + \frac{常年平均上代始}{盛蛹期至当代始盛蛾期的期距}$$

或

$$盛蛾末期 = \frac{始盛}{蛾期} + \frac{历年平均同代}{盛蛾期幅度}$$

历期预测法：在调查时若已达到始盛蛹期，则按下式计算盛孵期。

始盛孵期 = 始盛蛹期 + 蛹期 + 产卵前期（1~2天）+ 卵期

盛孵末期＝始盛孵期+历年平均同代盛孵期幅度

在调查时若化蛹在 20% 以上时，则根据蛹的分级，从最高的蛹级（若有蛹壳，则从蛹壳开始）向下依次逐级累加，当累加到所占的百分比为 20% 左右所对应的蛹级时，按常年该代各级蛹的平均历期，计算累加到化蛹 20% 所对应的蛹级至羽化尚需发育日数，调查日期加上这个尚需发育日数，即为始盛蛾期。计算盛孵期（始盛和盛末）的公式同前。

例：1979 年 6 月 20 日田间幼虫蛹的发育进度调查结果，幼虫占 64%，Ⅰ级蛹占 16%，Ⅱ级蛹占 12%，Ⅲ级蛹占 8%，按前述方法得出：

幼虫（%）	蛹			
	Ⅰ级（%）	Ⅱ级（%）	Ⅲ级（%）	...
64	16	12	8	

第三代始盛孵期＝调查日期+累加到化蛹 20% 所对应的蛹级（二级）尚需发育日数+产卵前期（1 天）+卵期＝6/20+6（按蛹期 7 天、蛹分 7 级、每级 1 天计算）+1+7＝7/4

此外如果累加百分率至某级蛹不足 20%，而加下级蛹又在 3% 以下，则按下级蛹计算，若超过 30%，则按累加到不足 20% 的蛹级计算，求得近似值。

（3）发生量的预测。

主要根据上代（包括越冬后）残存活虫密度及幼虫化蛹期间的雨量，结合盛蛾期及盛孵期间的天气预报，参考历年资料，进行综合预测。若越冬后或上代残存活虫密度大，幼虫化蛹期间无暴雨至大暴雨,天气预报盛蛾期及盛孵期间,气温偏高,雨量偏少,则当代可能大发生,亦可利用有效虫口基数参照历史上类似年进行预测。第四代发生量的预测除根据上代残存活虫密度外,还应根据第三代幼虫有效化蛹率(转化率,一般至 8 月底为止)、9 月气温(寒露风的迟早)、盛孵期的迟早及与水稻生育期的吻合情况综合分析,作出预测。若卵量大,盛孵期与水稻破口抽穗期吻合,气温正常,则预测第四代三化螟大发生。

三化螟各相关资料见表 2-29 至表 2-35。

表 2-29 　　　　　　　　三化螟各代发生期

(荆州站(1978—1991 年)) (单位:月份/天)

代别	盛蛾期	盛孵期	盛蛹期
越冬代			4/21.4±4.9 ~ 5/3.0±2.8
第一代	5/7.9±3.6 ~ 20.3±5.0	5/19.5±5.0 ~ 30.0±5.2	6/16.5±1.9 ~ 28.0±2.8
第二代	6/26.1±2.3 ~ 7/6.1±2.7	7/4.4±2.0 ~ 13.3±2.5	7/24.1 ~ 8/5.2±5.0
第三代	8/1.0±3.1 ~ 15.1±5.1	8/8.9±2.9 ~ 22.8±5.1	8/31.2±3.8 ~ 9/10.1±3.8
第四代	9/8.6±6.0 ~ 20.8±5.4	9/18.8±6.4 ~ 29.7±4.1	

表 2-30　　　　　　　　三化螟有关期距

（荆州站（1978—1991 年））

代别 期距 （天） 项目	越冬代—F1	F1—F2	F2—F3
上代始盛蛹期至下代始盛蛾期	18.8±4.0	8.6±1.4	7.6±0.8
上代始盛蛾期至下代始盛蛾期		46.4±3.7	36.6±2.7

表 2-31　　　　　　　三化螟各代发生期幅度

（荆州站（1978—1991 年））

代别 幅度 （天） 发生期	越冬代	第一代	第二代	第三代	第四代
盛蛾期		11.4±2.6	10.0±2.7	14.7±3.3	12.1±4.4
盛孵期		10.5±1.1	8.8±1.3	13.8±3.3	11.4±3.1
盛蛹期	15.3±5.6	11.5±1.0	11.8±2.9	9.9±1.1	

表 2-32　　　　　　不同温度下三化螟蛹的历期

气温 （℃）	16.5 ~ 17.2	17.5 ~ 18.9	19.0 ~ 20.2	20.3 ~ 21.0	21.1 ~ 21.9	22.1 ~ 23.7	24.0 ~ 25.5	26.0 ~ 26.7	27.0 ~ 29.4	31.0 ~ 33.0
蛹期 （天）	25.0 ~ 27.1	21.3 ~ 23.0	20.0 ~ 21.0	18.0 ~ 19.0	15.0 ~ 17.0	12.0 ~ 14.0	10.0 ~ 11.0	9.0	8.0	7.0
预蛹期 （天）	>4				2 ~ 3.9		0.9 ~ 1.9		0.7 ~ 0.8	

表 2-33　　　　　　　三化螟蛹卵历期

（荆州站（1962—1964 年））

代　别	卵历期（天）	蛹历期（天）
越冬代		18.2（13～21）
第一代	12.4（9～15）	7.3（7～8）
第二代	8.0（7～10）	7.0（6～8）
第三代	6.7（6～7）	11.5（8～14）
第四代	12.3（8～15）	

表 2-34　　　　三化螟第二代残虫量、7/下―8/上雨量

与第三代卵块密度的关系

（荆州站（1978—1990 年））

第二代残虫量（头/亩）	7/下～8/上雨量（mm）	第三代卵块密度（块/亩）
520～1174	85.9～99.0	400～415
184～333	103.2～176.5	210～225
80～110	231.2～238.8	24.0～60.0

表 2-35　　三化螟上代残存活虫密度与当代每亩卵量的关系

（荆门）

年份	代别	上代残虫量（头/亩）	当代每亩卵量（块）
1978—1986	F_1—F_2	267.0～487.0	205～567
		103.0～141.2	54.6～108.3
		30.3～51.1	10.6～30.8
1976—1986	F_2—F_3	975.0～3812.8	998.5～2968.0
		425.1～589.4	268.8～385.0
		206.3～329.7	31.8～153.0

二 化 螟

1. 发生和为害

二化螟是湖北省常发性水稻害虫。一年发生 2~3 代。以混栽稻区和中稻区发生为害较重，双季稻区发生为害较轻。20 世纪 80 年代以来随着杂交稻的推广，早、中、晚稻混栽程度的增加，二化螟大发生频率上升，为害明显加重。

2. 影响发生的因素

（1）气候因素。二化螟抗低温能力较强，抗高温能力较弱，适温范围为 16℃~30℃。春季日均温上升到 16℃左右，有效化蛹率每天增加 1%~2%；上升到 20℃时，每天增加 6%。水稻生育期间气温 23℃~26℃，湿度 80%~90%，最适螟卵孵化。温度在 20℃~30℃，湿度在 70% 以上，有利幼虫发育，幼虫发育最适温度为 22℃~23℃。超过 30℃以上的高温干旱天气对二化螟发育不利，稻田水温持续几天 35℃以上，幼虫死亡率可达 80%~90%。温度在 15℃~25℃，有利于螟蛹发育。幼虫化蛹期间遇暴雨可使虫蛹大量死亡，在 35℃以上的高温时，羽化的成虫会变为畸形。

二化螟发生期间的气候条件是影响其消长的重要因素，据荆州站资料（荆州市植保站，下同），1977 年、1978 年和 1988 年三年冬后，当地加权残存活虫密度相近（三年依次为每亩 280、240 和 242 头），而第一代发生期间，各年气候条件不同，发生程度亦异，其中 1978 年越冬幼虫化蛹期间（4 月中下旬）和第一代成虫盛期及卵盛孵期（5 月上中旬），雨量分别为 57.3 毫米和 81.4 毫米，分别比历年同期少 29.2 毫米和 23.4 毫米，加上成虫盛期及螟卵盛孵期 5 月上、中旬旬均温度分别为 20.8℃和 22℃，比历年同期分别高 1.8℃和 1.9℃，越冬后虫蛹死亡率只有 6.9%，同时由于气候条件对成虫产卵和蚁螟孵化非常有利，致第一代大发生；而 1977

年则越冬幼虫化蛹期间（4月中下旬）多雨，总雨量227.8毫米，比历年同期多141.3毫米，虫蛹死亡率达39.7%，同时由于水源充足，春耕灌水提早，大大降低了冬后有效残存活虫密度，致第一代发生轻微；而1988年虽越冬幼虫化蛹期间4月中下旬雨量仅3.8毫米，对其化蛹有利，但第一代成虫产卵盛期及卵盛孵期间（5月上中旬）雨量达237.1毫米，比历年同期多132.3毫米，不利于成虫产卵、蚁螟孵化及侵入，第一代亦属轻发生。1973年第一代残存活虫密度很高，但幼虫化蛹期间遇大暴雨，虫蛹死亡70%以上，致第二代轻发生。荆州站历年资料表明，二化螟第三代发生期间（8/中 ~ 9/中）雨水偏少，总降雨量在100毫米以下，有利于第三代发生为害，加上常年第三代不开展防治，增加了幼虫越冬虫口密度，如1977年、1978年、1986年、1990年及1991年均是如此，当地加权越冬幼虫虫口密度均在200头/亩以上，次年第一代均大发生；凡8月份雨量在250毫米以上的年份，如1980年、1987年和1989年，8月份雨量依次为389.9、259.5、283.8毫米，不利于第三代的发生，当地加权越冬幼虫虫口密度均在100头/亩以下，次年第一代均轻发生。

（2）栽培制度。栽培制度的差异，影响二化螟的发生分布，双季稻区由于水稻生育期比较齐一，蚁螟盛孵期与有利于蚁螟侵入的水稻生育期吻合时间相对比较短，因而发生较轻；而双季稻和中稻混栽稻区有利于蚁螟侵入的水稻生育期接连不断，桥梁田多，食物适宜而丰富，二化螟发生较重。20世纪80年代以来荆州南部双季稻区，中稻面积有所扩大，二化螟发生量亦明显上升。

（3）食料。二化螟属寡食性害虫，不同寄主营养状况不同，都会影响二化螟的发生期和发生量，如在茭白和野茭白上取食的二化螟，发育速度快，雌蛾寿命长，产卵量比取食水稻的多1~2倍。近些年来，由于杂交稻推广，主要是中杂汕优63的普及及晚杂面积的扩大，致使二化螟大发生频率增加，继 1987 年大发生后，1991 年又特大发生，1992 年也达大发生程度，其原因主要是杂交稻茎秆粗壮，营养丰富，对二化螟的发生为害有利。据湖南农科院调查，从蚁螟到成虫在杂交稻上第一、二、三代幼虫侵入和存活依次为 23.3%、40.1% 和 30.8%，而在常规稻上依次为 15.5%、23.3% 和 11.8%；雌蛾抱卵量第 1~3 代在杂交稻上比常规稻上多 9.1%、33.7% 和 45.6%；取食杂交稻比取食常规稻的越冬幼虫体重要高 7.87%~26.02%，蛹重要高 6.76%~20.64%，第一、二代幼虫取食杂交稻比食常规稻的幼虫体重和蛹重要高 31.9% 和 29.8%。

（4）天敌因素。二化螟天敌种类很多，对其数量消长起一定抑制作用。寄生天敌中，卵期寄生蜂有稻螟赤眼蜂、拟澳洲赤眼蜂等；幼虫期寄生蜂有二化螟沟姬蜂、螟黄抱缘姬蜂等；蛹期寄生蜂有螟蛉瘦姬蜂、夹色姬蜂等。其中以卵期寄生蜂中的稻螟赤眼蜂、拟澳洲赤眼蜂最为重要。1962—1966 年荆州地区农科所调查，二化螟卵寄生率，第一代至第三代依次为 5.8%~27.8%、10.5%~39.6% 和 20.5%~71.4%；幼虫期寄生率，越冬代、第一代至第二代依次为 13.5%~20.4%、2.1%~3.6% 和 7.3%~25.0%；蛹寄生率，越冬代和第一、二代依次为 5.5%~7.0%、2.7%~6.3% 和 4.8%~8.4%。捕食性天敌有各种蜘蛛、步甲等，此外还有白僵菌、黄僵菌等寄生真菌，有的年份寄生率达 80%~90%。

此外大面积的药剂防治，亦能影响螟虫种群的增长。

3. 测报办法

（1）调查内容和方法。

幼虫、蛹的发育进度调查：在各代幼虫始盛蛹至化蛹高峰期调查 1~2 次。具体调查时间根据当年气候情况，参考历年当地始盛蛹期，调查一次后，若尚未进入始盛期，隔 3~5 天，在预计始盛蛹期后再调查一次。越冬代调查，为了节省时间可在冬前或冬后 3

月上旬，选择虫口密度大的稻田采集一批稻蔸呈条状埋入当地主要越冬虫源田内（要模仿田间残留稻蔸的自然状态，将稻根埋入土中而残茬外露）。调查时，随机拔取若干稻蔸进行剥查，以后各代选主要虫源田进行调查。取样时，注意拔取 20 个以上的被害团和团内的新老被害株，每次剥查活虫数应不得少于 50 头（越冬代或其余各代虫少时亦不得少于 30 头），记载幼虫数、各级蛹数、蛹壳数及死虫数。

卵块密度及枯鞘密度调查：第一代在纯中稻区秧田调查卵块密度，其方法按播种期选早、中、迟秧田各 1 ~ 2 块，在始盛蛾后 2 ~ 3 天和蛾高峰后 2 ~ 3 天各查一次，每块秧田随机取样 3 点，每点查 1 ~ 2 平方米，记载卵块数，计算每亩卵块数；在纯中稻区本田期一般只查早栽中稻田枯鞘密度；在混栽稻区及双季稻区，第一代一般只查早稻本田期枯鞘密度，第二、三代调查本田（中稻、晚稻）集中受害株密度，在预测各代始盛孵期后 3 ~ 5 天及盛孵高峰后 3 ~ 5 天各调查一次，选当代主要为害对象田 3 ~ 5 块，在调查田内采用双行平行取样法取样 100 ~ 200 蔸，记载枯鞘数（第一代），集中受害株数（第二、三代），另取 10 ~ 20 蔸记载总稻株数，计算枯鞘株率，集中受害株率。

残存活虫密度调查及螟害率调查：在各代幼虫始盛蛹期为害基本定局时，选各主要类型田 3 ~ 5 块，越冬代采取单对角线五点取样，未翻耕田每点拔取稻蔸 20 ~ 40 蔸，翻耕田或冬种作物田，每点取样 4 ~ 6 平方米，拾取外露可见稻蔸、剥查死、活虫数；冬后各代残存活虫密度及螟害调查，采取双行平行跳跃取样法，每块田查 200 蔸，记载被害株数及剥查死、活虫数，并调查 20 蔸总茎蘖数及栽插密度，计算每亩残存活虫密度、虫蛹死亡率及被害株率（枯心、死孕穗、虫伤株及白穗）。

此外，有条件的地区可结合田调查，采集卵、幼虫及蛹，室内饲养，卵块数不少于 30 块，幼虫及蛹不少于 30 ~ 50 头，观察记载各虫态寄生数（方法同三化螟），并计算寄生率。

（2）预测方法。

①发生期的预测。

期距预测法：

$$始盛蛾期 = \frac{上代}{始盛蛾期} + \frac{常年平均上代}{代始盛蛾期期距}$$

$$盛蛾末期 = \frac{该代}{始盛蛾期} + \frac{常年平均}{同代盛蛾期幅度}$$

历期预测法：

在调查时若已化蛹 20%，则按下列公式计算：

$$始盛孵期 = \frac{始盛}{蛹期} + 蛹期 + \frac{产卵前期}{(1 ~ 2 天)}$$

$$卵期盛孵末期 = \frac{始盛}{孵期} + \frac{常年同代}{平均盛孵期幅度}$$

再根据盛孵期（始盛、盛末）加 2 ~ 3 天，即为枯鞘盛期（第一代）或集中受害株盛期（第二、三代）。

在调查时若已化蛹 20% 以上，则参照三化螟的预测方法进行处理。

②发生量的预测。

主要根据越冬后或上代残存活虫密度及当代发生期间的天气预报，并参考历年资料综合分析，预测当代发生量。

第一代发生量的预测主要根据冬后残存活虫密度、4 月中下旬雨量及天气预报 5 月份降雨量、雨日及气温情况进行。若冬后残存活虫密度大，4 月中下旬雨量偏少，天气预报 5 月气温偏高雨量偏少，则第一代将大发生。根据荆州站 1978—1990 年资料，在 4 月中下旬雨量及 5 月份气候条件相近的年份（雨量偏少，气温偏高），冬后当地加权平均每亩残存活虫密度为 321.9±75.1 头，早稻田第一代枯鞘株为 8.0%±2.2%，每亩残存活虫密度 95±38.7 头，早稻田枯鞘株为 1.6%±0.6%；松滋县 1963—1968 年资料，越冬后每亩活虫数为 144～190 头，第一代螟害率为 2.02%～3.82%，越冬后每亩活虫数为 77.4 头，第一代螟害率为 1.07%，越冬后每亩活虫数为 11.5～37.4 头，第一代螟害率为 0.58%～0.63%。

第二代发生量主要根据第一代残存活虫密度、6 月下旬至 7 月上旬降雨量及天气预报 7 月中下旬温度雨量进行预测。若第一代残虫量大，6 月下旬至 7 月上旬无暴雨，天气预报 7 月中下旬气温偏低，无暴雨，则预测第二代将大发生。

第三代发生量在纯中稻区不作预测，其他有双季稻的地区则主要根据第二代残存活虫密度、转化率及天气预报 8 月份雨量进行预测。第二代残虫量大，转化率高，若 8 月份少雨，则预测第三代大发生。

二化螟各相关资料见表 2-36 至表 2-40。

表 2-36 　　　　　　　　**二化螟有关期距**

（荆州站（1978—1990 年））　　　　　（单位：天）

上代始盛蛹期至下代始盛蛾期期距	越冬代—第一代	第一代—第二代	第二代—第三代
	18.5±3.5	8.9±1.5	8.4±1.4
上代始盛蛾期至下代始盛蛾期期距		66.2±2.5	38.0±3.3

表 2-37　　　　　**二化螟各代发生期幅度**

（荆州站（1978—1990 年））　　　　（单位：天）

代别 ＼ 发生期幅度（天）	盛蛾期	盛孵期	盛蛹期
越冬代			14.0±4.5
F_1	11.2±2.4	11.1±1.2	11.4±2.2
F_2	9.4±1.4	9.8±0.9	10.3±2.1
F_3	13.6±2.2		

表 2-38　　　　　**二化螟各代发生时期**

（荆州站（1978—1990 年））

代别	盛蛾期	盛孵期	盛蛹期
越冬代			4/12.7±4.2 ~ 26.6±2.7
第一代	5/0.8±2.6 ~ 12.0±3.6	5/13.4±1.8 ~ 24.5±1.9	6/26.8±3.1 ~ 7/8.6±1.7
第二代	7/6.8±2.5 ~ 15.9±3.0	7/14.0±2.8 ~ 23.8±2.1	8/2.1±5.6 ~ 12.8±5.6
第三代	8/14.4±2.4 ~ 28.0±2.2		

表 2-39　　　　　**二化螟第一代蛹的历期**

（荆州站（1964 年））

气温（℃）	蛹的历期（天）
14.3 ~ 16.0	25.0 ~ 26.7
18.0 ~ 18.6	17.5 ~ 18.0
20.2 ~ 20.9	14.0 ~ 14.2
22.7	10.3

表 2-40　　　　　　　　二化螟各代蛹卵历期

(荆州站（1957—1964 年）)

代　别	卵历期（天）	蛹历期（天）
越冬代		19.2（9~29）
第一代	10.6（7~15）	7.7（6~10）
第二代	5.9（4~9）	7.0（5~11）
第三代	6.1（4~10）	

稻　蓟　马

1. 发生和为害

20 世纪 60 年代中期，稻蓟马发生为害上升，到了 70 年代成为水稻上主要害虫，1973 年、1975 年、1976 年和 1980 年曾多次大发生，进入 80 年代以后，发生面积有所减少，但为害杂交中稻和双晚秧苗仍较严重。

荆州市植保站（荆州站，下同）调查，稻蓟马一年发生 10 代以上。成虫在游草等杂草上越冬；越冬成虫在 3 月上旬开始在新生游草上活动取食和产卵繁殖，4 月上中旬在游草上出现第一代若虫盛期；5 月上中旬出现第二代若虫盛期，主要为害早稻和早播中稻秧苗；5 月下旬至 6 月初出现第三代若虫盛期，主要为害迟栽早稻、早栽中稻及迟播中稻秧苗；第三代以后世代重叠，6 月上中旬虫量剧增，6 月下旬达全年虫量高峰，7 月上旬虫量开始下降，6 月上旬至 7 月上旬，主要为害迟栽中稻及双晚秧苗；7 月中旬前后气温上升至 28℃以上，虫口密度急剧下降，10 月份陆续转至杂草上越冬。

稻蓟马发生世代多，卵和若虫的历期短，而成虫寿命长，有利于虫量迅速积累；成虫具有两性生殖和孤雌生殖能力，既有利于繁殖和扩散，又能保持强大生命力。

2. 影响发生的因素

（1）食料条件。稻蓟马的取食为害有明显的趋嫩绿习性，在水稻上主要为害秧苗期和分蘖初期，秧苗二叶期见卵，三至五叶期卵量最多，分蘖期以心叶下第一、二叶产卵最多，尤其是第二叶，一、二龄若虫在尚未完全展开的心叶内取食，三、四龄若虫多聚集于叶尖卷隙内，一般不爱取食活动。60 年代后期和 70 年代前期，荆州四湖地区稻蓟马发生为害严重，一方面是由于栽培制度的改革，复种指数的增加，特别是早、中、晚混栽地区，4～7 月陆续有秧苗和分蘖期稻株存在，为稻蓟马提供了丰富的食料条件，有利于成虫产卵繁殖和虫量积累；另一方面，当时湖区有大量未开垦的湖荡草滩，由于这些地方游草等禾本科杂草丛生，不但在秋季为稻蓟马提供了繁殖场所，有利于其种群延续，增加越冬虫量和提供越冬场所，而且湖荡草滩早春游草等禾本科杂草出芽早，有利于越冬后的成虫补充营养，同时提供早春繁殖场所，增加虫口基数，为稻田提供了大量虫源。所以，湖荡草滩附近稻田稻蓟马发生早，数量多，为害重。

（2）水稻品种。不同水稻品种，稻蓟马的发生为害有一定差异。杂交稻推广以来，遭受稻蓟马的为害要比常规稻严重，尤其是中杂更为突出，一般虫量比常规稻多 1～2 倍，其原因一是杂交稻播种量少和栽插基本苗少，分蘖早而多，有利于稻蓟马的繁殖为害；二是中杂秧苗期和移栽返青期至分蘖初期正与稻蓟马发生数量高峰期相吻合。

（3）气候条件。稻蓟马生长发育和繁殖适温范围很广，最适温度为 15℃～25℃，年度间发生量大小与气候条件密切相关。越冬期间气候温暖，死亡率低，有利于成虫越冬；早春气温回升早，即虫量累积期温度高，可增加虫口基数；夏季中温多雨，有利于其发生为害，但暴雨有抑制发生的作用。据研究，平均气温在18℃~24℃是稻蓟马产卵的适温范围，每头雌成虫产卵13~75粒；平均气温在18℃左右，每头雌成虫最多可产120粒；平均气温在28℃以上，每头雌虫产卵不到10粒。7月中旬以后的盛夏季节，常年气温在28℃以上，成虫寿命缩短，产卵减少，孵化率低；秋季虽有适温条件，但水稻进入生长中后期，不利于稻蓟马的生存繁殖。

3. 测报办法

（1）调查时间和方法。

田外寄主游草上虫量调查：选沟边游草丛生基地2~3处，从游草现青开始调查，一般在3月下旬和4月上旬各调查一次，每处随机取样调查50~100株，记载成虫数量，计算百株成虫数。

秧田期虫卵量调查：选中稻和双晚秧田各3块，从秧苗1叶1心期开始，每5天一次，至有若虫株高峰为止，随机取样，每块田拔取秧苗50~100株，记载总株数、成虫数，有卵株数和有若虫株数，并计算百株成虫数、有卵株率及有若虫株率（均以查有卵株数和有若虫株数分别代替查卵数和若虫数，下同）。

本田虫卵量及卷叶株率调查：早、中稻从移栽返青开始，各选主要类型田3块，每5天一次，至有若虫株高峰为止，采取随机多点取样，每块田查10~20兜，记载总株数、成虫数、有卵株数及有若虫株数，计算百株成虫数，有卵株率及有若虫株率。在卷叶株出现高峰时，调查一次卷叶株率（方法同前）。

（2）预测方法。只预测第二、三代，6月至7月上旬，根据有卵株率及有若虫株率指导防治。

发生期的预测：按全国统一测报办法，稻蓟马以卵为起点划代。一般采用历期预测法。

若虫始盛期＝有卵株率始盛期＋卵的历期

若虫盛末期＝若虫始盛期＋历年同代若虫盛期幅度

发生量的预测：根据成虫高峰期的百株成虫数和卵高峰期的有卵株率，结合近期天气预报、水稻生育情况、参考历年资料预测若虫高峰期的有若虫株率。

荆州站 1973—1982 年资料，上代（第一、二代）百株成虫数（x）与下代（第二、三代）有卵株率（y）呈极显著正相关，其直线回归方程：

$$y = 1.1032 + 3.687x \quad r = 0.9772 \quad p \leqslant 0.01$$

有卵株率（x）与有若虫株率（y）呈极显著正相关，其直线回归方程：

$$y = 5.5855 + 0.5275x \quad r = 0.929 \quad p < 0.01$$

稻蓟马相关资料见表 2-41，表 2-42。

表 2-41　　　稻蓟马第一代至第三代各虫态发生盛期

（荆州站（1976—1986 年））　（单位：月份/天）

代别	卵盛期	若虫盛期	成虫盛期
第一代	3/下 ~ 4/上	4/10.7±4.0 ~ 4/17.8±2.3	4/23.3±5.1 ~ 4/31.4±4.6
第二代	4/30.8±5.6 ~ 5/9.5±4.7	5/10.3±4.2 ~ 5/16.3±4.2	5/19.5±3.5 ~ 5/26.0±2.1
第三代	5/23.9±2.6 ~ 5/30.1±3.3	5/29.4±3.4 ~ 6/上	

表 2-42　　　　　　　**稻蓟马各虫态历期**

（贵州锦屏（1976 年））

卵		一、二龄若虫		三、四龄若虫		成虫产卵前		雌成虫寿命	
历期（天）	温度（℃）	历期（天）	温度（℃）	历期（天）	温度（℃）	历期（天）	温度（℃）	历期（天）	温度（℃）
7.5	19.2	6.0	21.2	3.0	23.9	3.0	22.2	44	23.1
5.0	22.9	5.5	22.6	3.0	23.6	1.5	24.8	34	24.9
4.0	26.7	5.0	26.6	2.0	27.2	1.5	27.2	17	26.8
3.8	27.5	4.5	27.5	2.0	27.3	1.5	27.2	20	26.4

水稻穗期蓟马

1. 发生和为害

荆州站 1980 年调查，早稻穗期受蓟马为害，空壳率为 0.3%～2.7%，平均 1.5%；中稻穗期受害空壳率为 0.3%～ 0.5%，平均 0.4%；双晚穗期受害空壳率为 0.2%～43.3%，平均 0.23%。江苏句容 1973—1979 年调查，早稻穗期受蓟马为害后减产 5%～10%，最高达 20%。

荆州站调查，水稻穗期蓟马以禾蓟马为主，占 93.1%，其余为稻管蓟马。

江苏句容调查，为害稻谷的主要蓟马有稻蓟马、花蓟马、禾蓟马和稻管蓟马。稻蓟马 6 月中旬开始分散，7 月中旬大量迁飞扩散，大部迁入早稻穗苞为害谷粒；花蓟马早春在蚕豆花内更为集中，成虫数量 5～6 月最多，高峰在 6 月，在早稻孕穗抽穗期造成为害；禾蓟马与稻管蓟马，从小麦收后转到稗草上产卵繁殖，再转到水稻穗上。四种蓟马在水稻破口期进入穗苞，在扬花期进入谷粒。

稻蓟马主要来自水稻前期各虫态及其他不同类型水稻上迁飞来的成虫；花蓟马主要是以绿肥及其他开花植物上迁来的成虫；禾蓟马、稻管蓟马来自稻田内外稗草上转移来的成虫。掌握这些虫源动态，再准确预测水稻破口扬花期（即对蓟马防治的关键时期），及时指导防治。

2. 测报办法

（1）调查内容和方法。

水稻破口前穗苞内各虫态数量调查：选各类型田 2～3 块，从孕穗期开始至破口 50% 为止，每 3 天一次，随机取样，每次剥查穗苞 20～30 个，记载蓟马种类虫态与数量。

稻田内外稗草上蓟马种类、虫态及数量的系统调查：以水稻孕穗期开始，每 3 天一次，至水稻破口 50% 为止，每次从稻田内外各取刚破口的稗草 20 株，记载禾蓟马及稻管蓟马的成虫、卵及若虫数，并分别计算百株虫量、卵量及成虫百分率。

（2）预测方法。以早稻为重点。

发生期：以水稻生育期为依据，水稻 50% 破口期和齐穗后扬花前，是防治的关键时期。

发生量：以造成粒害 4% 左右为防治指标。在水稻破口期每穗 50 粒有蓟马 2 头、每穗 100 粒有蓟马 4 头时，应进行防治；在齐穗后扬花前最早扬花的个别稻穗谷粒被害数达 10 粒和蓟马数达 10 头时，即需防治。以这一次防治最为重要。

稻　蝗

1. 发生和为害

稻蝗于 1951—1953 年和 1960—1961 年曾在湖北省大发生。荆州地区 1951 年各县均有发生，以天门、沔阳、洪湖、松滋、监利、潜江和公安等县发生较重，特别是芦苇、湖沼、荒地虫量多，其附近水稻、粟谷及黄豆等作物受害严重，如天门发生 10 万亩，其中湖荒 6 万亩，在乾驿区调查，荒湖田每平方米一般有虫 270 头，稻田每平方米 90~180 头。1952 年全区 13 个县都有发生，以天门、沔阳、钟祥、洪湖、公安等县为害较重，如沔阳发生面积大，发动群众近 20 万人次，捕蝗虫 17 万千克，捞卵块 3500 千克。1953 年全区稻蝗发生重的有 10 个县，以洪湖、天门最重。1960 年各县发生量较大，以公安最为突出，据公安、玉湖等 5 个公社统计水稻 34 万亩，稻蝗发生 7.4 万亩，占 21.8%，为害最重的是早稻田块，咬断稻穗 80%。1961 年稻蝗发生普遍，荆州地区全区发生面积 222.5 万亩，洪湖、沔阳及江陵地区，每平方米有虫 27~36 头，比 1960 年虫量多 2~3 倍。1961 年以后稻蝗发生为害轻微。80 年代中期以来发生数量稍有回升，局部地方发生量较大。1987 年江陵调查发生量大的早稻每平方米有稻蝗 25~40 头，中稻田每平方米 8~10 头；天门、钟祥及京山等县，早、中稻发生重的田每平方米有虫 13~18 头，1989 年荆州地区部分县市发生较普遍，松滋 8 月中旬调查，迟熟中稻和双晚大田一般每亩有虫 5000~10000 头，最高达 20000 余头，个别中稻和双晚田叶片被吃光，导致不能抽穗灌浆。

稻蝗一年发生 1 代，其卵在土壤中越冬。翌年 5 月上中旬卵开始孵化，5 月下旬为孵化盛期；蝗蝻一般有 6 个龄期，经 70~80 天；7 月底至 8 月上旬羽化为成虫。8 月中下旬为成虫交尾盛期，9 月上中旬为产卵盛期，10 月下旬至 11 月上旬成虫陆续死亡。

姬庆文（1990）报道，每头蝗虫一生可取食稻叶 975.9 平方厘米，其中蝻期取食 195.4 平方厘米，成虫取食 780.5 平方厘米，成虫期食量占一生总食量的 80%。成虫有较强的趋光性，尤其在性成熟期间更明显，稻蝗趋光的时间短，只限于交尾盛期前 10 天左右。成虫羽化后 20 天左右，性器官成熟后开始交尾，交尾次数频繁，第一次交尾后 20 天左右，产第一块卵。喜产卵在田埂两侧、沟边、渠坡及荒草地等土壤比较疏松的 1 ~ 2 厘米的土层中，以含水量 20% ~ 30% 的土壤中产卵最多。一头雌蝗一般可产卵 3 ~ 4 块，平均每块含卵 34.9 粒，一生可产卵 100 ~ 140 粒。一、二龄若虫多聚集在渠沟坡及田埂附近活动，以取食杂草为主，三龄开始向稻田扩散，四、五龄后散布全田为害。

2. 影响发生的因素

（1）气候。蝗卵越冬死亡率一般在 10% 左右，主要与土壤湿度有关。蝗蝻孵化出土的适宜温度为 20℃ ~ 22℃，蝗蝻活动和生长发育适宜的温度为 25℃，土壤含水量 20% ~ 40%，孵化率达 70% ~ 80%，土壤含水量 10% 以下和 60% 以上均被干死和渍死而不能孵化。

（2）稻蝗的发生对环境有严格的选择。姬庆文（1990）报道，稻蝗的发生水稻田重于旱作物田，沿湖稻区重于岗坡稻区，一年一熟制稻田重于麦稻两熟制稻田，老稻田重于新稻田。主要原因是这类稻田生态环境比较稳定，卵块被破坏的机会少和卵孵盛期有丰富的食料，特别是沿湖稻区为稻蝗提供了最适宜产卵和繁殖场所，有利于其孳生繁殖，故往往发生严重。

3. 测报办法

（1）调查内容和方法。

虫源基地卵的孵化进度及若虫发育进度调查，在常年卵孵始盛期开始调查，选常年稻蝗产卵基地如稻田附近荒草地、堤坡边及田埂等有代表性地段各 3 ~ 5 个点，每 7 ~ 10 天一次，共查 3 ~ 4 次，用竹制成木制方框随机取样，每点 0.5 ~ 1.0 平方米，记载各龄若虫数，计算每平方米若虫数及各龄若虫比例。

秧田和本田虫口密度调查：从5月下旬起，选虫源基地附近早稻本田及中稻秧田和本田各3块，每5天一次，共查3~5次，每块田在田边随机取样3~5点，每点0.5~1平方米，用竹制或木制方框取样，记载各龄若虫数，计算每平方米若虫数。另在7月下旬查一次残虫密度。

（2）预测方法。根据调查结果，掌握蝗蛹出土时间，密度龄期及分布范围，在进入稻田为害以前5~10天作出预测，指导防治。

稻蝗各相关资料见表2-43、表2-44。

表2-43　　　　　　　　　稻蝗各虫态历期及取食量

地点	各虫态历期（天）		交配前期（天）	产卵前期（天）	取食量（平方厘米）	
	若虫	成虫			若虫	成虫
江苏淮阴	72.7~76.8	62.5~67.4	20天左右	43.4±6.5	119.0	166.0
河南信阳	59.0~67	65~70	15~30	25~50	127.0	
河北安新	75±19.2	149	16	46左右		

表2-44　　　　　　　　　稻蝗各虫态发生期

地点	盛孵期	成虫盛期	产卵盛期	成虫死亡期
江苏淮阳	5/中下	7/下~8上	9/上中	10/中后
河南信阳	5/中下	7/下~8上	9/中下	10月平均气温14℃以下
河北安新	5/中下	7/中下	8/下~9/上	9/中开始死亡

稻苞虫

1. 发生和为害

稻苞虫是湖北省主要水稻害虫，在 20 世纪 50 年代曾多次大发生（1950 年、1955 年、1958 年），60—70 年代发生为害面积和发生程度均明显下降，仅部分县市个别年份发生为害较重，80 年代以后已基本得到控制，仅局部地区偶有为害。荆州地区 1950 年发生普遍，松滋发生 41 万亩，占水稻总面积 73.8%，平均每蔸有虫 1 ~ 1.3 头；荆门姚河等 5 个区被害田减产一半，其中 4000 亩颗粒无收。1955 年全区发生特别严重，以滨湖及山区更为突出，公安、玉湖区发生 6 万亩，每蔸有虫 5 ~ 10 头；钟祥、荆门、京山三县发生 70 万亩，一般每蔸有虫 5 头左右，高的达 30 头，受害严重田块颗粒无收。1958 年江陵、荆门、钟祥、沔阳等县严重发生，其中沔阳县杨林尾区，晚稻受害面积达 76%，有 2600 亩无收。1967 年荆门、钟祥、沔阳、潜江、京山等县发生较重。

稻苞虫在湖北省一年发生 5 代，以幼虫越冬。第一、五代在田外寄主上繁殖为害；第二代成虫在 6 月中旬盛发，幼虫为害早、中稻，一般数量较少；第三代成虫在 7 月中旬盛发，幼虫主要为害迟中稻及一季晚，为主害代；第四代成虫在 8 月中旬盛发，幼虫为害迟一晚及双晚，有的年份第二、四代发生亦较严重。

2. 影响发生的因素

（1）气候条件。稻苞虫发育适温为 24℃ ~ 28℃，适宜相对湿度为 75% ~ 85%，高温低湿对其发生不利。据荆州地区农科所 1963 年观察，平均气温 24℃，相对湿度 77.5%，成虫寿命 6.8±0.6 天，每头雌成虫平均产卵 79 粒；气温 28.4℃，相对湿度 79.4%，成虫寿命只 2.4±1 天，产卵极少。稻苞虫大发生的气候条件是该虫的发生期间，"时晴时雨"，"吹东南风，下白昼雨"，

有利于稻苞虫的发生。据荆门调查，凡 6/下至 7/中，雨量在 250
毫米以上，雨日在 14 天以上，其中大雨到暴雨在 5 次左右，是第
三代大发生的气候条件。

（2）食料条件。山区和湖区植被复杂、杂草丛生，蜜源丰富，
食料充足，有利于成虫获得补充营养、生存繁殖和幼虫安全越冬，
这也是 50 年代大发生频率高的主要因素。水稻阔叶品种、分蘖盛
期生长嫩绿田块，易诱集成虫产卵，往往发生严重。

（3）天敌。稻苞虫的寄生天敌很多，年度间寄生率变动较大。
有的年份，寄生率较高，对控制其发生起一定作用。卵期寄生天敌
以黑卵蜂为主；幼虫期寄生天敌以稻苞虫绒茧蜂为主；蛹期寄生天
敌以黑点瘤姬蜂、大腿蜂及寄生蝇为主。据荆州地区农科所
1962—1967 年在江陵观察，第二、三代卵寄生率依次为 6.1% ～
26.6% 和 59.5% ～83.5%；第二、三代幼虫寄生率依次为 1.6% ～
4.3% 和 7.1% ～58.9%；第二、三代蛹寄生率依次为 3.7% ～
11.2% 和 17.3% ～25.9%。

3. 测报办法

（1）调查内容和方法。

幼虫化蛹羽化进度调查：在主害代上一代历年始盛蛹期至化蛹
高峰期调查 1 ～2 次，当调查一次后尚未进入始盛蛹期，隔 3 ～5 天
再调查一次。亦可将幼虫采回室内继续饲养，至化蛹高峰为止。调
查时选上代虫口密度较大的田块，随机采集总虫数不少于 50 头，
记载各龄幼虫、蛹及蛹壳数，计算化蛹率。

卵粒密度调查及卵寄生率调查：在当地主害代成虫始盛期和高
峰期后各 3 ～5 天，选主要产卵对象田 3 ～5 块，各调查一次，每块
田采用随机多点取样调查 10 蔸，记载已孵、未孵和寄生卵数，并
采回未孵卵室内观察，记载寄生卵粒数，计算百蔸有效卵粒密度及
卵寄生率。

幼虫密度调查：在各代二、三龄幼虫盛期和始盛蛹期，选当地主要为害对象田 5 ~ 7 块，采用双行平行取样法每块田调查 50 ~ 100 蔸，记载总虫数及被寄生数（有条件地区采回幼虫和蛹各 50 头室内饲养观察，记载寄生数和计算寄生率），并在始盛蛹期随机取样 20 蔸，记载总叶数及被害叶数，折算百蔸虫量（二、三龄盛期）、每亩虫量（始盛蛹期）、寄生率及被害叶率。

（2）预测方法。

发生期：根据上代幼虫蛹的发育进度，采用历期预测法，预测二、三龄幼虫盛期（参照三化螟预测方法），亦可预测二、三龄幼虫高峰期。

二、三龄幼虫高峰期 = 化蛹高峰期 + 蛹的历期 + 产卵前期 + 卵期 + 一、二龄幼虫历期。

发生量：主要根据上代虫口密度及天气预报主害代成虫盛期和低龄幼虫盛期的气候条件进行预测。

湖北大悟县 20 世纪 70 年代以来除第三代外，第四代亦上升为主害代，据观察，第二代发生量与第三代关系不大，而第三代发生量与第四代发生量呈极显著的正相关；6 月中旬至 7 月上旬日平均气温与第三代发生量呈极显著的正相关（$r = 0.8505 > 0.01$），第三代发生量大，则第四代发生量亦大（$F = 6.26 > 0.05$），该代发生期间雨量 125 ~ 250 毫米时最有利发生。

江陵历年资料分析，6 月下旬至 7 月中旬降雨量在 250 毫米以上，雨日在 14 天以上，是有利于稻苞虫第三代大发生的气象条件。

据安徽凤阳观察，第二代百蔸虫量 2.5 头以上，第三代成虫盛发期间和初龄幼虫盛期，无连续出现 28.3℃ 以上的高温，湿度在 76% ~ 88%，7 月份雨日 12 ~ 20 天，第二代蛹和第三代卵寄生率在 30% 以下，当年就有大发生的可能。

稻苞虫各相关资料见表 2-45 至表 2-47。

表 2-45　　　　　　　稻苞虫各代成虫发生盛期　　　　（单位：天）

地点	第一代	第二代	第三代	第四代
江陵	4/下	6/8.3±1.2 ~ 15.3±0.5	7/10.3±2.5 ~ 17.7±1.7	8/13.3±1.7 ~ 22.7±3.3
荆门			7/10.8±3.7 ~ 17.8±3.1	
京山		6/3.8±3.8 ~ 11.2±5.0	7/8.7±1.7 ~ 14.8±1.1	8/13.0±3.0 ~ 20.0±3.0

表 2-46　　　　　　　稻苞虫各虫态历期

（荆州农科所（1962—1965 年））　　　（单位：天）

	产卵前期	卵期	幼虫期	预蛹期	蛹期
越冬代			202（包括越冬期）	3.1	17.5
第一代	3.8	10.1	26.9	1.2	8.5
第二代	3.1	6.1	24.2	1.4	6.5
第三代	3.0	5.5	22.9	1.0	6.0
第四代	4.2	5.5	27.8	2.0	8.5

表 2-47　　　　　　　稻苞虫各龄幼虫历期

（荆州地区农科所（1965 年））

代别	各龄幼虫期（天）					
	一	二	三	四	五	六
F2	3.6	3.7	4.4	4.6	7.9	24.2
F3	3.5	3.1	4.2	4.5	7.6	22.9
F4	4.1	4.0	4.4	6.5	8.8	27.8

稻 象 甲

1. 发生和为害

20 世纪 50 年代初期，稻象甲在湖北省部分地区发生为害较重，50 年代后期开始，发生为害程度下降，80 年代以来又有回升趋势。

在湖北省北纬 31°以北地区，每年发生 1 代；在北纬28°~31°，每年发生 1~2 代，其中偏北及山区一季稻区，一年发生 1 代为主，而偏南部双季稻区，则多发生 2 代，除个别 1 代地区只以成虫越冬外，多数地区以成虫及部分幼虫越冬为主，蛹越冬仅占少数。

每年春夏之交，越冬成虫开始活动，此时幼虫也相继化蛹，羽化为成虫，陆续进入早稻和中稻秧田进行为害及产卵繁殖，孵出幼虫为害稻根，一般在 7 月上中旬为化蛹盛期，7 月中下旬至 8 月上旬羽化为成虫，1 代区即以该代成虫及部分幼虫越冬；而 2 代区则该代成虫继续产卵繁殖，孵出幼虫为害晚稻，10 月出现第二代成虫，以部分第二代幼虫及第二代成虫及少量蛹越冬。吕新乾（1991）报道，浙江早稻移栽后 10 天左右（5 月上旬）达成虫高峰，5 月中旬达产卵高峰；晚稻移栽后成虫迁入，迅速达成虫高峰，移栽后 10 天达产卵高峰。两代各虫态期距，成虫高峰至卵量高峰为 7 天左右，孵量高峰至孵化高峰 8 天左右。

2. 影响发生的因素

一般丘陵地区发生重于平原地区；稻田土壤含水量与稻象甲发生数量及为害程度关系密切，幼虫在长期浸水条件下不能化蛹，排水晒田有利幼虫发育和化蛹，加重发生为害；在 2 代区其发生数量与当地水稻栽培情况有一定关系，如早稻推广迟熟品种，收获期推迟，大部分第一代成虫能安全羽化，增加了第二代虫源；此外 80

年代初期有机氯农药被淘汰，替代农药杀虫双、甲胺磷等对其防效较差，也是一些稻区稻象甲回升的原因之一。

3. 测报办法

（1）调查内容和方法。在常发区早稻秧田从4月下旬开始，本田从移栽开始，中稻秧田从现青开始，本田从移栽开始，选各类型秧田和本田各3块，每5天调查一次，共查4~5次。秧田采用对角线三点取样，每点查100株，记载成虫数及被害株数，计算百株虫量及被害株率，本田采用双行平行取样法，每块田查100~200兜，记载成虫数及被害株数，另取10兜记载总株数，计算百兜虫数及被害株率。

（2）预测方法。根据田间系统调查，掌握成虫迁入始盛期、高峰期及迁入成虫数量，参考历年资料，在成虫产卵高峰前作出卵孵高峰期及发生量的预测，及时指导防治成虫控制幼虫的最佳时期。

稻象甲各虫态历期见表2-48。

表2-48　　　　　　　　稻象甲各虫态历期

历期（天）代号　　　　虫态	卵	幼虫	蛹
第一代	8	55	8
第二代	6	60	11

资料来源：吕新乾．稻象甲自然种群消长规律的研究．浙江农业科学，1991（3）：139-141。

黑尾叶蝉

1. 发生和为害

20世纪60~70年代，黑尾叶蝉在双季稻区及混栽稻区发生为害严重，80年代以来发生数量明显下降。该虫一年发生5代，主要以若虫和少量成虫在绿肥田、冬播作物田及田边沟边塘边等杂草上过冬。荆州地区黑尾叶蝉各代成虫盛期依次为6/上中、7/上中、7/下至8/中、8/下至9/中及10/上中。

由于成虫产卵期长，世代重叠，在7月中旬至8月下旬，第三、四代重叠发生，数量最多，为全年发生数量的高峰期，主要为害迟熟早稻和中稻的灌浆期，双晚秧田期及本田分蘖期。

2. 影响发生的因素

（1）冬季雨雪少，春季气温偏高，降雨量少，有利黑尾叶蝉安全越冬；发生最适气温在28℃左右，田间相对湿度在75%~100%，夏秋高温干旱有利发生。

（2）双季稻区及混栽稻区尤其是冬季绿肥和冬播作物面积大的地区食料充足，有利虫量积累。

（3）水稻密植多肥田块发生为害严重。

（4）品种间抗虫性的差异，一般粳稻重于籼稻。

（5）黑尾叶蝉卵寄生蜂主要有褐腰赤眼蜂等，成若虫寄生天敌主要有二点栉蝻及头蝇等；捕食性天敌有蜘蛛等，这些天敌发生数量的多少均对叶蝉种群数量消长起一定的调节作用。

3. 测报办法

（1）调查内容和方法。同黄矮病有关黑尾叶蝉部分，但前期适当增加调查次数。

（2）预测方法。发生期：当大田虫口密度调查成虫出现20%~40%，为盛发高峰期，加产卵前期、卵历期为盛孵高峰期，再加一、二龄若虫历期，即为二、三龄若虫盛期。

　　发生量：若越冬虫口基数大，早春气温回升早，3～4月气温高、雨量少，天气预报7～8月高温干旱，可作出大发生的预测。

　　黑尾叶蝉各虫态历期见表2-49。

表2-49　　　　　　　　　**黑尾叶蝉各虫态历期**

（天门县植保站（1975年））

产卵前期		卵		若虫	
气温（℃）	历期（天）	气温（℃）	历期（天）	气温（℃）	历期（天）
21.2	11.7	18.3	18.8	22.4	25.8
25.6	9.5	23.5	9.9	24.6	18.2
27.8	8.9	26.4	7.0	26.0	16.4
30.0	7.3	31.2	5.4	28.8	15.3
				30.2	13.6

白 翅 叶 蝉

1. 发生和为害

　　20世纪70年代后期以来，白翅叶蝉在湖北省部分丘陵稻区发生为害较重。武穴市四望镇1976年早稻出现为害，1978年大发生，早稻、一晚、双晚均受害，1976—1987年12年中，大发生的有7年；荆门1978年部分迟中稻杂交稻在8月上旬虫量激增，8月中下旬为害成灾；京山在1981年，该虫上升为主要害虫，1982年全县双晚发生面积9.3万亩，在9月中旬出现为害高峰，有5000亩基本无收，部分迟熟中稻亦受害较重，至1984年该县发生面积上升到23万亩，严重受害田块损失达30%～50%；1978年松滋县部分双晚田白翅叶蝉发生严重，为害成灾。

白翅叶蝉在中、晚稻收获后至次年早、中稻播种前，以成虫生活在小麦、紫云英及看麦娘多的油菜田内，其次在河、沟、塘边及丘陵小山坡处杂草丛中。武穴市植保站观察该虫一年发生5代，各代三龄若虫高峰期分别在6/中、7/中、8/中、9/上中和10/上中，以第三、四代发生量最大，此时正值晚稻孕穗灌浆期；湖北崇阳一年发生4代，越冬成虫4/上至5/下产卵，第一代成虫5/下至7/上，第二代成虫7/上至8/上，第三代成虫7/下至8/下，第四代成虫8/下至10/中下；荆门以7/中至8/上和8/下至9/中为害迟中稻和双晚，以秧苗期与分蘖期易受害，以孕穗抽穗期受害最重。京山以8/中至9/中为害迟中稻和双晚最重。

2. 影响发生的因素

白翅叶蝉在各地发生量，以丘陵重于平原湖区，成虫有较强的趋嫩绿性，往往生长在嫩绿的稻田虫量较大。京山县植保站认为麦稻两熟面积的扩大，早、中、晚稻的混栽程度的增加以及六六六的被取代是80年代白翅叶蝉上升的主要原因。

3. 测报办法

同黑尾叶蝉。

白翅叶蝉卵和若虫历期见表2-50。

表2-50　　　　　白翅叶蝉卵和若虫历期　　　　（湖北通城）

卵		若虫	
气温（℃）	历期（天）	气温（℃）	历期（天）
21.5	16.3±3.5	21.8	20.5±4.9
25.2	13.0	24.7	16.6±3.5
29.1	12.0±2.3	30.0	16.0±3.0

黏 虫

1. 发生和为害

湖北省黏虫在水稻上仅为偶发性害虫。1975 年在湖北省第二、四代发生为害较重，江陵县纪南公社红光大队及荆门县拾桥公社东风大队调查早稻"后三田"（绿肥留种田、夏粮夏油保收田、迟秧田）第二代黏虫发生严重，成虫迁入早稻田盛期在 6 月上中旬，幼虫为害盛期在 6 月下旬至 7 月上中旬，每亩虫量一般在 1 万头以上；8 月中下旬至 9 月上旬为第四代成虫迁入双晚稻田盛期，8 月下旬至 9 月中下旬为幼虫为害盛期。荆州地区从南到北各县均发生较重，监利县有 2855 亩双晚每亩虫量 3700～31000 头，松滋、公安、石首、潜江、沔阳、洪湖、京山及荆门等县均有类似的情况，一般每亩有虫万头左右，高的达 3 万～4 万头，少数田块每亩虫量达 10 余万头，稻叶被吃光后留下穗子，个别田块连穗子也被吃掉80%。英山县 1975 年、1979 年和 1989 年曾大发生，8 月下旬至 9 月初为幼虫暴食期。

2. 影响发生的因素

赵魁杰（1988）报道，稻田黏虫一般出现在 8 月中旬至 9 月中旬，成虫迁入稻田的当天或 1～2 天后产卵，卵期 3～5 天，幼虫期平均为 16.6 天。此时正值晚稻生长盛期，水稻受害轻重与虫量有关。虫源以外来为主，主要来自向南回迁的成虫。回迁入稻田蛾量的多少是决定当年发生为害程度的重要因素。成虫回迁期间的降水过程与田间蛾量密切相关。

3. 测报办法

（1）调查内容和方法。

田间蛾量调查：在 5 月中下旬至 6 月上中旬和 8 月中下旬至 9 月上中旬分别在早稻和双晚田，结合其他稻田害虫调查，当发现黏虫成虫开始增加时，每 5 天一次，选有代表性田 3～5 块，采用双行平行取样法调查 200 蔸，记载成虫数量，折每亩成虫数，至成虫开始下降时停止调查。有黑光灯的地区要记载灯下诱集成虫数。

幼虫调查：当田间出现成虫高峰后开始调查，调查对象田同上，每 3 天一次，采用双行平行取样法，每田块查 50～100 蔸，采用盆拍法，记载各龄幼虫数，折百蔸虫量和每亩虫量。当进入二、三龄幼虫盛期组织普查。

（2）预测方法。

稻田黏虫为偶发性害虫，在田间迁入蛾量较高年份，作好两查两定，即查虫口密度，定防治对象田，查幼虫龄期，定防治适期。

黏虫在不同温度下的卵、幼虫和蛹的历期见表 2-51。

表 2-51　　黏虫在不同温度下的卵、幼虫和蛹的历期

温度（℃） \ 虫态 历期（天）	卵期	幼虫期							蛹期
		一龄	二龄	三龄	四龄	五龄	六龄	合计	
15	15.0	5.1±0.2	5.9±0.5	7.1±0.9	7.3±1.3	12.3±2.4	16.1±1.3	53.8±9.6	68.0
18	9.0	3.8±0.4	4.8±0.6	4.1±0.9	5.1±0.8	5.9±1.0	13.4±1.3	37.1±5.4	20.6±0.9
20	7.0	3.4±0.5	3.1±0.3	3.1±0.3	4.8±0.7	5.1±0.6	10.6±0.9	30.1±4.2	14.4±1.3
25	3.5±0.2	2.4±0.6	2.0±0.2	2.3±0.5	2.6±0.7	4.0±0.1	9.5±0.7	22.9±3.3	9.4±0.7
30	3.0±0.1	2.3±0.5	2.1±0.3	2.1±0.3	2.2±0.6	2.6±0.6	8.7±3.1	20.4±3.1	7.3±0.6

稻秆潜蝇

1. 发生和为害

稻秆潜蝇在国内分布于云南、贵州、湖南、湖北、广东、江西、浙江等省。在湖北省主要分布在鄂西山区，尤以恩施市在20世纪80年代以来发生为害日趋严重。据恩施市统计，1985—1988年该虫面积依次为4.0万、5.5万、7.1万和10万亩，损失稻谷依次为30万、50万、80万和192万千克。1991年当阳市植保站调查，杂交稻汕优63被害穗4.2%～8.7%，最高达14.9%，使每穗减少4～8粒。

该虫在恩施市一年发生3代，以幼虫在小麦和看麦娘等禾本科杂草上越冬。各代成虫发生期依次为5/中至6/上、6/下至8/上和8/下至9/上。

2. 影响发生的因素

稻秆潜蝇卵的孵化和幼虫的入侵与降雨和湿度密切相关，凡产卵期降雨较多，湿度较大，则孵化率高。据恩施市1987—1988年调查，低山湾田和二高山稻田，由于雾大、露重湿度高，温度较低，昼夜温差大和日照短，其发生明显重于低山平坝田。

水稻品种不同，发生受害程度差异明显，杂交稻发生受害程度明显重于常规稻和糯谷，1991年恩施市调查杂交稻受第二代为害，虫伤穗率加权平均14.72%。杂交稻的推广是恩施市20世纪80年代中期发生为害上升的主导因素。

凡移栽早、偏施氮肥叶色浓绿的稻田及冷水串灌田发生为害严重。

3. 测报办法

（1）调查内容和方法。

发育进度调查：在历年各代幼虫始盛蛹期至高峰期，选主要为害对象田 3 块，调查 1～2 次幼虫化蛹进度，每次调查总虫数不少于 30 头。预测第一代卵始盛孵期和高峰期，是通过调查看麦娘上幼虫化蛹的进度，选择上年多发阴湿沟边，拔取有为害状的看麦娘的植株，剥开叶鞘，检查虫态，记载幼虫、蛹及蛹壳数，当查到化蛹始盛期和高峰期后，作出卵始盛孵期和盛孵高峰期的预测；预测第二代卵始盛孵期及高峰期，主要是调查早、中稻大田的受害稻株和连晚秧田的受害秧苗，用上述同样方法剥查幼虫化蛹进度，早稻剥查叶鞘即可，中稻和连晚秧苗还应剥查受害心叶。

卵的密度调查：在预计成虫始盛期和高峰期后，选当地主要为害对象田 3～5 块，每块田随机取样 10～20 蔸，记载总稻株数及卵的数量，计算百株卵量。

为害情况调查：在各代为害基本定局时，选主要为害对象田 3～5 块，按双行平行取样法，每田块调查 50～100 蔸，记载受害株数，另取 10 蔸记载总稻株数，计算受害株率，有条件的地区可记载各级受害株数，计算受害指数。

（2）预测方法。

发生期的预测：根据田间发育进度调查结果，采用历期预测法预测卵始盛孵期。

卵始盛孵期＝蛹始盛期＋产卵前期（2 天）＋卵的历期

卵盛孵高峰期＝蛹高峰期＋产卵前期（2 天）＋卵的历期

刘少华（1986）报道，根据观察发现稻秆潜蝇第一代幼虫进入预蛹后，原被害株便长出新的正常叶，而稻秆潜蝇第一代化蛹率与被害禾苗长出正常新叶的植株百分数密切相关，制订出稻秆潜蝇主害代（第二代）与上一代化蛹率的回归预测方程：

$$y = 0.6455x + 38.5729 \quad (r = 0.9862 \quad p < 0.01)$$

y 为化蛹率，x 为新出正常叶叶龄在 1.0 叶以上的植株百分数，如：第一代为害剑叶时，未受害部分在一半以上，应记为新叶龄的0.5叶。

通过调查,计算出新出正常叶叶龄在 1.0 叶以上的植株百分数,按以上回归方程求得化蛹率,再根据蛹卵历期,计算出孵化盛期。

孵化盛期 = 化蛹盛期 + 蛹历期(12.5 天)+ 产卵前期(2.5 天)+ 卵的历期(7 天)

发生量的预测:主要根据越冬幼虫密度(预测第一代),上代发生为害情况(预测第二代)及当代卵的密度,结合天气预报发生期内的气候条件,参考历史资料作出发生趋势预测。

稻秆潜蝇各相关资料见表 2-52、表 2-53。

表 2-52 稻秆潜蝇各代发生期

(恩施)

代别 发生期 虫态	越冬代	第一代	第二代	第三代
蛹盛期	5/上 ~ 5/下	6/中 ~ 7/下	8/中 ~ 9/中	
成虫盛期		5/中 ~ 6/上	6/下 ~ 8/上	8/下 ~ 9/下

表 2-53 稻秆潜蝇各代各虫态历期

(湖南黔阳)

代别 历期(天) 虫态	越冬代	第一代	第二代	第三代
卵期		7.0 ~ 11.3	4.1 ~ 6.5	5.9
幼虫期		24.1 ~ 29.6	63.4 ~ 72.0	
蛹期	20.1 ~ 24.1	12.4 ~ 16.2	13.6 ~ 15.7	

稻小潜叶蝇

1. 发生和为害

稻小潜叶蝇 1970 年曾在湖北省京山、潜江等县特大发生，以早插早稻发生特别严重；4 月 18 日栽秧的田，有虫株率 84%，百株虫量 496 头。1972 年荆州地区 10 个县统计，稻小潜叶蝇发生面积达 93.7 万亩，占早稻面积的 25.6%，钟祥周岗大队平均受害苑率 13.1%，重的达 32%，有的单本插稻田全田枯死。李复宁报道，襄北 1985 年以来，稻小潜叶蝇为害加重，1989 年大发生，受害田百株有虫 129.8 头，最高达 302 头。

京山、潜江两县 1970—1973 年调查，成虫盛期出现在 4 月中下旬，幼虫盛期出现在 4 月下旬至 5 月上旬，以早插早稻受害最重。襄北 1989 年在水稻上发生两个高峰，第一次在 5 月中下旬，主要为害早播早插秧苗，受害株一般 10%～20%，百株虫量 20～50 头；第二次在 6 月中下旬，主要为害直播稻和晚播晚插秧田，受害株一般 30%～60%，百株虫量 100～300 头。钟祥县 1991 年大发生，以中杂寄插秧田发生较重。

2. 影响发生的因素

稻小潜叶蝇是对低温适应性强的温带性害虫，其发生量与气候、水稻品种、生育期及田间水层管理有关。

潜江 1970 年大发生，3 月、4 月气温分别为 7.6℃和 14.9℃，分别比历年同期低 2.4℃和 1℃，钟祥县大发生 1991 年 3 月、4 月气温分别为 7.9℃和 15.1℃，分别比历年同期低 1.4℃和 0.9℃。

不同品种发生程度差异很大，1989 年襄北调查，叶片下垂的品种发生重，如汕优 63，有虫株率一般在 30% 以上，叶片直立的品种如"910"发生轻，有虫株率 10% 以下；同一品种不同生育期，受害程度差异明显，以秧苗期受害重，分蘖初期次之。分蘖盛期后则不受害。

早稻不同栽秧期发生轻重不一，栽秧越早发生越重。1970 年潜江调查，4 月 18 日移栽的早稻有虫株率 84%，百株虫量 496 头；4 月 20 日移栽的早稻有虫株率 50%，百株虫量 184 头；4 月 25 日移栽的有虫株率 25%，百株虫量 214 头；5 月 1 日移栽的有虫株率 8%，百株虫量 78 头；5 月 10 日栽秧的则未受害。

成虫喜在倒伏于水面的稻叶上产卵，故凡长期灌深水的稻田发生重，襄北 1989 年 6 月中旬调查，灌深水的稻田有虫株 58.1%，百株虫量 232 头，浅水勤灌的稻田有虫株 20.5%，百株虫量 64.8 头。

3. 测报办法

（1）调查内容和方法。

成虫消长调查：常发区在常年成虫始盛发前 3 ~ 5 天开始，选当地主要为害对象田 3 ~ 5 块，定期进行扫网，每 3 天一次，共查 3 ~ 5 次，每次每块田随机扫 30 ~ 50 网，记载成虫数，掌握田间成虫始盛期和高峰期。

卵量消长调查：根据田间扫网结果，在成虫始盛期后和高峰期后 3 天各调查一次，选当代主要为害对象田 3 ~ 5 块，秧用每块田每次随机调查 50 ~ 100 株，本田每块田随机调查，10 ~ 20 蔸，记载已孵卵数和未孵卵数，本田记载 10 蔸总株数，计算百株卵量。

（2）预测方法。

发生期：根据田间卵的始盛期和高峰期，加上卵的历期，预测卵始盛孵期和盛孵高峰期。

发生量：根据成虫盛期百网成虫数和卵盛期百株卵量，参考历史资料结合天气预报发生期内的气象条件，预测发生量。

稻小潜叶蝇各虫态发生期见表 2-54。

表 2-54　　　　　　　稻小潜叶蝇各虫态发生期　　（单位：月份/天）

		谷成虫	幼虫	蛹
1970 年	潜江	4/10 ~ 24	4/20 ~ 5/4	4/30 ~ 5/18
	京山		4/25 ~ 5/3	5/3 ~ 10
1972 年	潜江	4/15 ~ 5/1	4/25 ~ 5/8	
	京山	4/13 ~ 20	4/24 ~ 30	

稻茎毛眼水蝇

1. 发生和为害

稻茎毛眼水蝇在丘陵山区发生为害较重，在双季稻区主要为害迟播早稻，在混栽稻区主要为害迟播中稻和双晚苗田，以杂交稻和杂交制种田受害尤为严重。1975 年荆门发生面积达 22.5 万亩，占早、中稻面积的 18.08%；同年钟祥迟播早稻水育秧秧苗受害株 30% ~ 60%，早稻本田受害株 40%，中稻和糯谷本田受害株 50%，早插双晚受害株 30% ~ 60%；燕维祥（1989）报道，20 世纪 70 年代以来，在湖南黔阳为害越来越重，尤以晚稻更为突出，被害株率达 30% ~ 60%，已成为水稻生产上的一大障碍。

该虫以幼虫蛀食水稻心叶，被害心叶抽出后表现弧形缺刻、孔洞或干裂成条缝，有的心叶被害后折断，刚抽出的被害叶有腥臭味，风干后表皮呈白色，叶片变形，被害株生长缓慢，生育期推迟；在水稻孕穗期为害幼穗，使稻穗腐烂发臭，能抽穗者每穗损失 20 ~ 30 粒，被害谷粒留下颖壳，稻穗扭曲而呈白色。

稻茎毛眼水蝇在钟祥稻田一年出现 3 次为害高峰，第一次在 4/中至 5/上，为害迟播早稻水育秧及早稻本田；第二次在 5/中至 6/上，为害中稻糯谷；第三次在 6/中至 7/上为害一季晚稻和早播双季晚稻秧苗。

燕维祥等（1989）报道，湖南黔阳一年发生 4 代，除卵外，其他虫态均可越冬（幼虫寄主植物茎内为害处，蛹在叶鞘内，成虫主要在靠近水面的草丛中），越冬代成虫出现期极不整齐。4月中旬以后，田间成虫不断增加，6月上旬以后增加更快，世代重叠。第一代幼虫分别在5月中旬、6月上旬和6月下旬孵化，主要为害迟插早稻和中稻，形成伤叶。第二代幼虫于6月下旬至7月中旬孵化，为害中稻幼穗和晚稻秧苗。第三代幼虫8月上中旬孵化，为害晚稻形成大量伤穗。第四代幼虫在8月下旬至9月上旬孵化，在中稻落粒苗和再生稻上形成大量伤穗株，除部分早羽化的成虫外，大部分幼虫和蛹，即在被害株中越冬。

据观察该虫成虫羽化后当日即可交尾，雌雄虫均可交尾多次，成虫羽化2~3天后，腹内可见成熟卵，成虫寿命最长可达60天，一头雌成虫一般可产卵20~30粒，卵散产于叶片下半部的被面，初孵幼虫借露水湿润爬至叶枕丛合缝处进入心叶，3~5天新叶伸出才发现其被害。

2. 影响发生的因素

中温高湿有利于发生为害，杂交稻及制种田发生为害严重。

3. 测报办法　参考稻秆蝇。

稻茎毛眼水蝇各虫态历期见表2-55。

表2-55　　　　稻茎毛眼水蝇各虫态历期
（湖南黔阳（1988—1989年））

代别　历期（天）　虫态	卵	幼虫	蛹
第一代	5.6	25.9	7.5
第二代	4.4	24.0	7.2
第三代	4.3	27.0	7.5

稻绿蝽

1. 发生和为害

稻绿蝽在湖北省主要分布在荆州、宜昌和咸宁等地区。1984年开始有发生为害报道。1986年松滋报道了稻绿蝽在双晚上已成为主要害虫之一；仙桃市记载了稻绿蝽发生面积20万亩。1987年达发生为害高峰，荆州地区植保站在江陵纪南调查，双晚灌浆期百蔸虫口密度5~257.5头，一般27.5~75头，石首双晚百蔸虫量为33.5~46.5头，松滋为28.5~69.5头，仙桃百蔸最高虫量达400头。洪湖燕窝再生高粱受稻绿蝽为害成灾2300亩，减产9万千克，芝麻受稻绿蝽为害成灾8200亩，减产5.5万千克。1988—1989年发生为害明显下降。1990—1991年发生数量明显回升：1990年双晚上平均百蔸虫量江陵为23.3头，洪湖为145.8头，枝江江口镇为9.5头，董市镇为41.7头，嘉鱼为85.9头；1991年双晚上平均百蔸虫量江陵为29.5头，洪湖为14.3头。

稻绿蝽寄主广泛，除水稻、芝麻外，还有小麦、油菜、玉米、高粱、马铃薯、黄豆、豇豆、菜豆、扁豆、棉花、大白菜、萝卜等。

稻绿蝽以成虫越冬，在房屋瓦下墙缝及田间土缝和枯枝落叶下越冬。在湖北省一年发生2~3代。成虫寿命长，产卵前期长，产卵期长，世代重叠。4月中旬左右气温稳定上升达15℃~16℃时越冬成虫迁移到小麦、油菜、马铃薯及蔬菜上取食，随后陆续转移到早稻、玉米等寄主上为害繁殖；6月下旬至8月上旬出现第一代成虫，陆续迁入到芝麻、中稻、黄豆等寄主上繁殖为害。8月中旬至9月下旬第二代成虫陆续羽化迁移到迟中稻和双晚等寄主上繁殖为害，第二代后期成虫可以越冬；10月上旬至11月上旬第三代成虫陆续羽化迁至越冬场所，后期若虫来不及羽化而被淘汰。8月至9

月上旬是芝麻和中稻上成若虫发生为害高峰，9月中旬至10月上旬是双晚上成若虫发生为害高峰。

成虫趋光性强，有假死性。初孵若虫群集于卵壳上，不食不动；二龄开始取食，群集为害；三龄开始分散为害，具有假死性。

2. 影响发生的因素

80年代以来随着实行生产责任制的变化，湖北省中南部早、中、晚稻混栽程度加大，作物布局复杂，棉花、芝麻、黄豆、玉米等间作套种，油菜、小麦面积扩大，果树和蔬菜面积增加，为稻绿蝽各代提供了丰富的食料，有利于虫量积累，这是80年代中期以来稻绿蝽发生为害上升的主要原因。80年代以来稻田有机氯农药迅速被杀虫双等农药取代，据1987年药效试验杀虫双对稻绿蝽基本无效，防效仅19.6%。无疑稻绿蝽在80年代中期发生为害加重除了其他因素外，显然与农药更新换代亦有一定关系。

3. 测报办法

（1）预测的主要依据。

稻绿蝽成虫寿命长，产卵前期和产卵期长，世代重叠，成虫有较强的趋光性，成虫、若虫均可为害。

稻绿蝽寄主的广泛性和对寄主的生育阶段严格的选择性：稻绿蝽寄主有水稻、小麦、油菜、高粱、玉米、芝麻、黄豆、马铃薯、蔬菜等数十种。早、中、晚稻混栽，水旱两夹及间作套种地区食料丰富有利其发生为害和虫量积累。禾谷类作物的灌浆期，芝麻蒴果形成期和豆科作物结荚期以及其他寄主作物的多汁阶段均有利其取食和繁殖。

稻绿蝽在一年中前期寄主的相对分散性和后期寄主的相对集中性：4～7月虫量少而分散，为虫量累积期；8～10月虫量多而集中，为大量繁殖和猖獗为害期；8月至9月上旬是芝麻和中稻上成若虫发生为害高峰；9月中旬至10月上旬是双晚上成若虫发生为害高峰。

低龄若虫的群集性和高龄若虫的分散性：一龄若虫不取食，群集在卵壳上面；二龄若虫群集在寄主上取食有利于药剂防治；进入三龄以后分散取食为害。

（2）调查方法。

灯光诱集：采用 20 瓦黑光灯或其他诱测灯作为光源，可结合其他害虫的测报进行，从 4 月至 11 月逐日记载诱集成虫数。

田间系统调查：在禾谷类作物（主要是迟中稻和双晚）孕穗期、芝麻蒴果形成始期，选不同类型田 3～5 块，每 5 天一次，每次每块田按双行平行取样调查 100～200 蔸（株），记载成虫数和各龄若虫数，到禾谷类作物蜡熟期、芝麻蒴果形成盛末期结束。

雌成虫卵巢解剖：可结合系统调查进行，8～9 月，每 10 天解剖一次，每次解剖雌成虫 20～30 头，记载卵巢级别及交配与否。

卵巢分级标准如下：①乳白透明期。卵巢小管长 4～7 毫米，乳白半透明，前期卵粒不清晰，后期卵粒出现轮廓，腹腔内充满脂肪体，未交配。②卵黄沉积期。卵巢小管长 7～10 毫米，卵内开始有卵黄沉积，但无成熟卵，腹腔内仍充满脂肪体，大部分未交配。③成熟待产期。卵巢小管长 11～12 毫米，管内出现成熟卵数粒（最多 5～7 粒），并下移到管柄和输卵管内，卵粒间排列紧密，已交配。④产卵盛期。卵巢小管内成熟卵开始或大量产出，管内各卵粒间有空隙，脂肪体减少变细长。⑤产卵末期。卵巢小管萎缩，无成熟卵或尚残存个别成熟卵，脂肪体极少。

卵的密度调查：在主害代的主要寄主中、晚稻、芝麻上，当成虫迁入为害进入产卵始盛期时进行查卵，每 5 天一次，共查 3～5 次。采用随机多点取样法，每块田查 50～100 蔸（株），记

载卵块数和卵粒数，有条件地区可进行卵的分级，计算百兜
（株）卵量。

田间残存虫口密度调查：选当地主要寄主芝麻、中、晚稻等，
在为害基本定局时（禾谷类在黄熟初、芝麻在下部蒴果变黄）调
查残存虫口密度，采取双行平行多点取样共查 100～200 兜（株），
记载成若虫数，计算百兜（株）虫口密度。

为害率调查：在稻绿蝽主害代调查残存活虫密度时，固定不同
虫密度的田块 3～5 块，当水稻成熟时，采用随机多点取样共 100
株进行考种，测定总重量、千粒重，并记载实粒数，空壳数，计算
空壳率。

天敌调查：在主害代各虫态发生期间结合系统调查进行，记载
卵期寄生天敌种类及数量、成若虫的捕食性天敌和寄生性天敌种类
及数量。

（3）预测方法。

发生期：根据田间系统调查，掌握成虫迁入芝麻、迟中稻田和
双晚稻田的突增期和高峰期，结合雌成虫卵巢解剖、卵块密度增长
情况及卵块分级作出中期和近期预测，指导大面积在二、三龄若虫
盛期进行防治。

二、三龄若虫高峰＝上代成虫迁入田间高峰期+卵的历期+一、
二龄若虫历期。

发生量：根据 4～7 月前期寄主上的虫量、灯下虫量、主害代
迁入主要寄主芝麻和中、晚稻上的成虫数、卵块密度及寄生率综合
分析，分段逐步作出双晚上稻绿蝽发生趋势的预报。荆州站观察，
凡 8 月下旬迟芝麻上百株虫量 100 头左右、迟中稻上每亩虫量
1000 头左右，9 月上旬双晚抽穗期每亩迁入成虫数 200 头左右，则
9 月下旬双晚每亩总虫量可达万头左右。

稻绿蝽各相关资料见表 2-56、表 2-57。

表 2-56　　　　　　　　　　**稻绿蝽成虫历期**

（荆州站（1988—1991 年））

交配前期		产卵前期		成虫寿命（天）		
气温（℃）	历期（天）	气温（℃）	历期（天）	气温（℃）	雌	雄
18.6±3.0	16.4±4.5	19.4±2.6	27.0±2.2	19.1±2.6	18.0 ~ 35.5	20.0 ~ 81.0
25.6±2.9	12.3±2.2	25.6±2.6	18.5±1.7			

表 2-57　　　　　　　　　　**稻绿蝽卵和若虫历期**

（荆州站（1988—1991 年））

卵	气温（℃）	17.4±2.5	21.7±2.4	24.0±1.9	26.2±2.6	30.1±1.9
	历期（天）	14.1±1.4	11.8±0.8	5.5±0.7	5.3±0.6	4.6±0.9
若虫	气温（℃）	18.2±3.5	23.3±1.7	24.6±2.9		
	历期（天）	45.9±2.9	32.3±2.7	28.0±0.9		

水稻纹枯病

1. 发生和为害

水稻纹枯病是湖北省主要水稻病害。80 年代以来，随着水肥条件的改善，特别是氮肥施用量的迅速增加，该病发生明显加重。全省以江汉平原及鄂东南属双季稻偏重发生区，鄂中北中稻属中等发生区，鄂西中稻属偏轻发生区。

纹枯病为害水稻引起千粒重下降和秕谷率增加，其为害损失程度与纹枯病病斑高度成正比。据朱凤美氏研究，病斑在稻株基部或延伸到倒四叶时，产量损失很少；从倒三叶起，损失率随病斑高度递增。倒三叶鞘发病，减产 7%；倒二叶鞘发病，减产 14%；剑叶鞘发病，减产24%；全株发病，减产40%～60%。又据刘培元报道，杂交稻倒数第三叶出现病斑的减产3.76%；倒数第二叶鞘发病的减产4.37%；剑叶叶鞘发病的减产10.79%；剑叶叶片发病的减产18.19%；全株发病而早枯的减产35.81%。发病后精米率亦相应下降。

2. 影响发病的因素

（1）气候条件。本病一般在气温达到22℃以上，田间小气候在温度23℃、相对湿度97%时开始发生；在25℃～31℃气温和饱和湿度下，最有利于发病。在栽培条件相对稳定的条件下，气象因子是左右年度间纹枯病流行的主要因素。羽柴辉良（1982）报道，在100%的相对湿度下，稻株上菌丝伸展的速度28℃＞27℃＞30℃＞25℃＞23℃＞21℃；每天病斑扩展在气温20℃、23℃、25℃、28℃时分别为0.48cm、1.13cm、1.35cm、1.58cm；在25℃时相对湿度为100%、98%、95%、90%、86%的病斑扩展比例依次是1.0%、0.99%、0.96%、0.87%、0.38%。

降雨量及雨日频率与纹枯病流行关系密切。彭绍裘等（1991）综合分析了影响纹枯病流行的气象效应，认为温度、湿度及降雨等主要影响纹枯病的水平扩展，而光温指数对纹枯病的垂直扩展有显著的抑制作用，这可能与光照对植株上部湿度的影响及光照对菌丝生长的抑制作用有关。

湖北省中、南部双季稻区及混栽稻区，早稻全生育期的气温是由低到高，温度是决定纹枯病始病期迟早的关键因子，始病后病情随着温度的升高和雨量雨日的增多而加重，由于早稻易感病生育期间气温已进入发病的适温范围，病害的流行程度则主要取决于入梅和出梅时间的迟早以及梅雨期间的降雨频率及降雨量。据荆州站（荆州市植保站，下同）历年资料统计表明，梅雨明显的年份，梅雨结束迟（7月20日左右结束），梅雨期（6/中至7/中）雨日在

20 天以上，总雨量在 200 毫米以上，往往早稻纹枯病大流行，而常年早稻易感病生育期与梅雨期相吻合，所以早稻纹枯病往往发生较重；晚稻全生育期的气温是由高温到低温，前期气温有利发病，但由于湖北省气候特点，前期常易受干旱控制，后期常易受低温抑制，在盛夏多雨年份，秧苗期发病早、发病重，而秋雨多、寒露风迟的年份，有利晚稻纹枯病的发生和流行；中稻全生育期间，正处于夏秋高温干旱季节，梅雨结束的迟早常影响生长前期发病的轻重，生长中后期常遇伏旱和秋旱，往往对发病有明显抑制。荆州站历年资料统计，1984—1992 年中仅 1988 年中稻纹枯病发生严重，病指达 41.7，该年 8/下至 9/上雨日 14 天，总雨量 213.3 毫米，两旬平均相对湿度 88.7%，极有利于纹枯病的发生为害。而其余年份一般病指均在 10 以下。

（2）栽培条件。氮肥对纹枯病流行影响最为显著。一般随着氮肥用量的增加，纹枯病的流行速率增加，病情严重度加重。江苏农科院试验，以每亩 5、10、20 千克纯氮测试三个不同抗性品种的平均病情指数依次为 22.6、30.8 和 40.5。不同抗性品种间存在着差异，即随着氮肥用量的增加，抗性品种病情指数增加的比例少，中抗与感病的品种增加的比例较大。同时还指出，粳稻与氮肥的互作效应对病害严重度的影响小于杂交稻。由于大量施用氮肥，稻株体内游离氨基酸增多，病菌获得足够的氮素营养，同时由于分蘖增多，封行提早，田间湿度增高，有利于病菌蔓延扩展。稻田增施磷肥、钾肥、硅肥及微量元素等能增强稻株抗病力，减轻发病。

不同灌溉措施对纹枯病垂直扩展效应比较明显，深水灌溉有利垂直扩展，晚稻尤为如此。这与不同灌溉方式对水稻群体冠层湿度的效应有关。据测定，长期淹水稻田，早、晚稻冠层（60 厘米）湿度分别为 93.0% 和 88.6%，湿润灌溉的分别为 92.7% 和 86.3%，这种差异导致了纹枯病垂直扩展的差异（范坤成等

1990）。晒田可促进稻秆地上部分的节间短，秆壁增厚，组织紧密，增强了抗倒伏和抗病能力。另外晒田可使稻丛湿度下降6%～12%，并可控制水面菌丝的蔓延传播，从而减轻发病（彭绍裘等，1986）。

随着栽插密度的增加，稻田封行提早，田间湿度加大，并可增加菌丝的接触频率，缩短了株间、丛间的传播距离，增加菌核的附着率（彭绍裘，1986；范坤成等，1989）。

（3）品种及生育期。品种间的抗病性有一定差异。王法明（1987）报道，1968年以来国际水稻研究所鉴定了14867个品种、品系，没有发现一个抗纹枯病的品种，但有14.6%属中抗性质的品种、品系。

同一品种不同生育期的抗性存在差异，一般营养生长期较抗病，生殖生长期其抗性减弱；一般刚抽出的嫩叶有很强的抗病性，抽出几天后逐渐变弱，抽出5～6周后则易感病（池田弘，1976）；若以抽穗期为标准，抽穗以前下部叶鞘较上部叶鞘易感病，抽穗以后则上部叶鞘叶片依次较下部叶鞘叶片感病；剑叶易发病的时间是抽穗后14天左右，这个时期的抗病性控制了纹枯病的垂直扩展。

就湖北省历年水稻纹枯病发病情况而言，早稻一般在分蘖后期（约在5月下旬至6月初）治病；在拔节期病情发展缓慢，孕穗以后，特别是孕穗末期至齐穗期发展最快（约在6月下旬至7月上旬），乳熟期病情基本稳定；双晚秧苗期即可发病，移栽后分蘖期病情缓慢发展，拔节以后开始激增，拔节末至齐穗阶段为发病盛期（8月下旬至9月中旬初），至蜡热期病情基本稳定；中稻在分蘖盛期开始发病（6月下旬至7月初），拔节末期病情开始激增，孕穗至乳熟期为发病感期（约在8月上中旬），蜡熟期病情基本稳定。除了各稻种不同生育期抗性有差异外，各年发病迟早和轻重还随年度间气候及栽培条件变化，而出现较大波动。

（4）菌源数量。田间菌核数量是纹枯病最主要的初侵染源，它决定了纹枯病初期的发病程度及其分布相，是病害蔓延流行的基础。范坤成（1989）报道，通过研究田间不同菌核量与初侵染及病害流行的关系，指出田间初始菌核量与初侵发病丛率呈幂函数关系。当田间有效菌核量在每亩 20 万粒以内时，初侵染发病丛率随菌量的增加而显著增加；超过 20 万后，由于重叠侵染作用，则增长缓慢，一般田间有效菌核量再增 10 万/亩，病丛率只增 3% ~5%。

（5）纹枯病的发生与其他病虫害的关系。Goku Lapa Lan（1983）报道，通过研究纹枯病与稻根线虫发生的关系，认为当线虫发生率较高时有助于纹枯病菌的严重侵染，同时有纹枯病侵染的稻根，其根线虫数也显著高于健株稻根。Lee 等（1985）报道，通过研究褐飞虱及白背飞虱与水稻病害的关系指出，稻飞虱与纹枯病之间的为害有双增效关系。胡森（1986）报道也证实了这一结论。稻飞虱加重纹枯病发生的原因，除虫吸伤口易侵染外，可能与飞虱带菌丝体或担孢子有关，此外稻飞虱分泌的蜜露富含多种氨基酸有利纹枯病菌的繁殖。

3. 测报办法

（1）调查内容和方法。

菌核量调查：常发病区和常年菌核数量均能满足纹枯病大发生的要求，一般不作调查。

病情调查：一般在分蘖盛期（预测前）、孕穗期（防治前）及蜡熟期（为害基本稳定）调查 3 次，选当地主要类型田 3 ~5 块，采取双行平行取样法，每块田共查 100 ~200 蔸，记载病蔸数，各级病株数，另取 10 ~20 蔸，记载总稻株数，计算病蔸率，病株率及病指。此外在水稻蜡熟期为害基本稳定时，选各类型田 20 ~30 块普查发病程度，计算病蔸率，病株率及病指。

附：严重度分级标准（以株为单位）

0 级：全株无病；

1 级：自顶叶算起，第三叶片以下各叶鞘或叶片发病；

2 级：第二叶片以下各叶鞘或叶片发病；

3 级：剑叶叶鞘或剑叶发病；

4 级：全株发病，提早枯死。

（2）预测方法。

水稻纹枯病常采用综合分析预测法，主要根据菌核量、栽培管理条件及气候因素等方面的动态，对病害发生趋势作出估计。

中等以上生产水平的稻区，一般每亩菌核量均在 20 万粒以上，故菌源数量均能满足大发生要求。

栽培管理水平主要根据氮肥施用量、施用时间及氮磷钾的配合情况。

气候条件则主要依据天气预报各稻种感病生育期的主要气象要素。早稻根据天气预报梅雨期的长短、雨日和降雨量；中稻主要根据天气预报 7～8 月雨日及降雨量；双晚主要根据天气预报 8 月下旬至 9 月中旬雨日降雨量和 9 月份低温到来的迟早。

当年天气预报各稻种感病生育期降水强度大，频率高，时间长，双晚纹枯病还要求 9 月气温偏高、寒露风来得迟，在中、高菌量和中、高等施氮水平的条件下，往往易造成纹枯病的大流行。高产稻区常年纹枯病均可达中等以上流行程度，一般只需根据水稻感病生育期结合前期发病情况，指导防治，尤其是早稻更是如此。

水稻白叶枯病

1. 发生和为害

水稻白叶枯病是湖北省水稻上主要流行性病害。1953—1956 年、1966 年曾局部流行，主要是丘陵地区中稻受害；1969—1970

年和 1973—1975 年，主要在鄂中北丘陵混栽稻区流行，在早、中稻上造成为害，其中 1973 年局部地区晚稻也有些损失，以早、中籼型品种复晚发病最重；20 世纪 70 年代后期和 80 年代前期处于发病的低谷时期，其中 1979—1980 年稍有回升。1985—1986 年该病在江汉平原双季稻区及双季稻中稻混栽稻区发病明显上升，1987—1989 年出现流行高峰，其中以 1987 年在双晚和 1989 年在中稻上发生的为害最重。

2. 影响发病的因素

（1）品种及生育期。水稻品种间抗病性差异显著，但所有的品种几乎没有抗侵入的能力，只有抗扩展的作用，所以没有完全免疫的品种，只有抗扩展能力的强弱，也就是抗病性有差异。植株的抗病性可能与体内游离氨基酸的含量有关。往往易感病的品种，随着氮肥施用量的增加，体内游离氨基酸的含量显著增加，发病程度也随之加重；而比较抗病的品种，在增施氮肥的情况下，游离氨基酸的含量仍保持在较低水平，对发病程度影响较小。

新中国成立以来，由天感病品种的大面积推广而使水稻白叶枯病流行和由于推广抗病品种控制白叶枯病的为害的事例不少。1966 年荆门县后港区引进高感品种莲塘早，发病损失严重。1973—1975 年荆州丘陵地区水稻白叶枯病的流行，除了气候因素外，还与南广占（早稻）及文胜一号、荆矮糯、叶里藏、古巴种选（中稻）等感病品种的推广有关。随着这些高感品种的被淘汰和国际稻 26 号、29 号等抗病品种的推广，对控制白叶枯病的流行起了重要作用。80 年代后期在一些白叶枯病的重疫区如荆门、随州等县市由于推广抗病品种扬稻 2 号和扬幅籼 2 号，亦迅速减轻了白叶枯病的为害。由于品种对白叶枯病的流行关系极大，所以各地都非常注意选用抗病品种和合理安排品种布局。

同一品种不同生育期抗病性有差异，一般分蘖末期起，水稻的抗病力逐渐降低，至抽穗阶段最易感病。周述尹（1986）报道，籼、粳、糯和杂交稻等不同类型水稻，在幼穗发育过程中，对白叶枯病的感病性，以二次枝梗至颖花分化期和齐穗5~10天两个时期最易感病。

根据江苏农科院植保所（1980）测定了39个籼粳稻结果，各品种生育期的抗性可区别为三个类型：

Ⅰ. 全抗型：第3、5叶直到剑叶均呈抗病；

Ⅱ. 成株期抗病型：苗期6叶以前感病，7~8叶抗病，有的品种抗性至第12叶才形成；

Ⅲ. 全感型：第3、5叶直到剑叶均感病。

所以在选育抗性品种时应注意品种生育期的抗性变化，特别要注意成株期的抗性。

（2）病原菌致病性的变异。据研究，在各稻区流行的白叶枯病菌的优势致病型是相对稳定的，所以抗病品种的抗性有一定的稳定性，但在生产实践中，一个抗病品种大面积种植3~5年后，其抗性下降以致完全丧失，这是由于病原菌致病型发生变异所致。随着生产的发展，主栽品种结构的变化，相应地会引起病菌的变异，因此对病菌致病型变异和消长动态的监测显得非常重要。

过崇俭等（1991）报道，北方、南方和长江流域分别测试的情况，结合以前历年测定结果，可以看出白叶枯病菌致病型的分布有一定的地理特点。总的看来，我国致病型Ⅱ、Ⅳ型为优势种群，分别占17.5%和13.7%，Ⅴ型、Ⅵ型和Ⅶ型为稀有种群。就不同稻区而言，长江流域以北菌株，以Ⅰ型和Ⅱ型为主，长江流域以Ⅱ型和Ⅳ型为多数；而南方稻区以Ⅳ型为多数，Ⅱ型为次。在广东和福建省已出现少数Ⅴ型菌。由此可以看出，长江流域稻区为籼粳混栽，单、双季稻并存，气候学上也是过渡地带等，导致病菌分化，也就具有过渡型的特点。

据成国英等（1989）关于"湖北省水稻白叶枯病菌致病力分化"课题的研究结果，参加供试的 76 个菌株被接种在一套鉴别全国水稻白叶枯病菌致病力分化的基本鉴别品种（金刚 30、Tetep、南粳 15、TaVa14、IR26）上，根据其对各鉴别品种的致病力，划分为 0、Ⅰ、Ⅱ、Ⅲ、Ⅳ、Ⅴ 六个菌系群，其中 36 个菌株属于第Ⅳ型菌系群，占参试菌株的 47.4%，初步表明，第Ⅳ菌系群是湖北省当前流行菌系群。而主要栽培品种早稻华矮 837、中杂汕优 63 和晚粳鄂宜 105，对第Ⅳ菌系群均为感病或中等感病，在使以上三个品种共同致病的菌株中，属于Ⅳ菌系群的菌株占 80% 以上。汕优 63 对各菌系群都无抗御能力，使其致病的菌株占参试菌株的 75%。在第Ⅳ菌系群中，90% 以上的菌株使中杂汕优 63 严重致病，50% 的菌株使鄂宜 105 中度感病。显然 1987 年荆州、孝感及武汉等地市双晚鄂宜 105 白叶枯病的特大流行和 1989 年荆州地区中杂汕优 63 白叶枯病的大流行与白叶枯病第Ⅳ菌系群与湖北省当前流行菌系群有关。

（3）气候条件。水稻白叶枯病的发生流行适温为 26℃~30℃，20℃ 以下和 33℃ 以上发病受到抑制。气温高低主要影响潜育期的长短，当日平均温度稳定在 25℃~30℃ 时，潜育期 7~8 天，遇台风暴雨，风速大、湿度高，可缩短到 5 天；在 23℃ 左右约 14 天；低到 20℃，则需 20 天以上。雨水和湿度对病菌的传播、侵染、繁殖和蔓延关系极为密切，雨水多，湿度大，特别是相对湿度 90% 以上的天数多时，病叶上的菌脓多，叶面上保持湿润的时间长，极有利于病菌的入侵为害。总之，气温偏高，雨水偏多和日照不足有利于发病，特别是暴风雨或洪涝，极有利于病菌的传播和侵入，易引起该病的暴发流行。

（4）栽培条件。栽培条件对白叶枯病的发生影响最大的是水肥管理，而以灌水更为密切。深水灌溉，串灌漫灌，长期积水或稻株受淹,削弱了稻株抗性,易诱发病害。徐润成(1964)报道,据试验秧苗期深水淹苗的稻株发病率达 37.8%,浅水不淹苗的为 23.8%,拔节期、幼穗分化期和抽穗期深水灌溉的发病指数分别为 54.5、48.2 和 53.1,而浅水灌溉的分别为 26.2、36.3 和 16.7。拔节以后深水灌溉发病加重,而抽穗期深水灌溉的最为明显。适时适度晒田,可减轻发病,但晒田过度,反易加重发病。

偏施氮肥或氮肥过多,易使稻株中游离氨基酸和糖的含量增高,有利于病菌孳生繁殖,因而加重发病;氮肥追施过迟过多,可引起稻株徒长,贪青晚熟,也易诱发病害。

3. 测报办法

(1)调查内容和方法。

秧苗期发病情况调查:早、中稻秧田不需调查。常发病区,双晚选当地感病品种秧田 3 ~ 5 块。在秧苗四叶期和移栽前 3 ~ 5 天各调查一次,每块秧田单对角线取 3 点,每点调查 100 ~ 200 株,记载总株数和病株数,计算病株率。

本田期发病情况调查:在常发区选生长好的各类型感病品种稻田 3 ~ 5 块,早稻从 6 月上旬开始,中稻从 6 月下旬开始,双晚从 8 月中旬开始,每 7 ~ 10 天查一次,采用目测法用竹竿拨开稻丛进行检查。当发现中心病株后,以中心病株为中心定点 9 丛,共定 3 个点,每 5 天一次,至剑叶开始发病为止,记载总叶片数,各级病叶数及计算病指。若多次调查,仍未见病,至齐穗时终止调查。在水稻灌浆期病情基本稳定时,选当地有代表性的各类型田 20 ~ 30 块,进行普查,目测病情普遍率和严重度。

病情分级标准:

病情严重度分 5 级。0 级:无病;1 级:病斑面积为叶面积的 1/5 以下;2 级:病斑面积为叶面积的 1/3 以下;3 级:病斑面积为叶面积的 1/2 以下;4 级:病斑面积为叶面积的 3/5 以上。

病情普遍率分 5 级，为全田范围目测分级。0 级：无病；1 级：零星发病或有中心病团；2 级：发病面积占总面积的 1/4 左右；3 级：发病面积占总面积的 1/2 以上；4 级：发病面积占总面积的 3/4 以上。

目测病情严重度分 3 级，在发病范围内目测分级。1 级（轻）：病叶少，有零星病斑；2 级（中）：半数叶片发病，枯死叶片占 1/3；3 级（重）：叶片几乎全部发病，枯死叶片占 2/3 以上。

（2）预测方法。

关于水稻白叶枯病的发生流行预测，一般采用综合分析预测法，即根据水稻品种的抗病性、秧苗发育情况（晚稻）和本田期中心病株、发病中心出现的迟早及数量，以及天气预报感病生育期的气候条件的适合程度等方面综合分析，预测各稻种白叶枯病的流行趋势。

品种：当地主要栽培品种的抗病性、种植面积、栽培年限及近年发病情况，是本病流行预测的重要依据。若感病品种面积大，或抗病品种栽培已有 3～5 年，近年已开始局部发病较重，则具备了大流行的基础。

流行临界期的菌量：流行临界期是指病害流行过程中盛发期以前一段关键时期。临界期中病原已开始积累，但环境条件尚未进入最适，临界期之后病原侵染所需的条件，如气象因素、寄主的感病性及传播媒等，已进入最适范围，但所余时间不多；如果临界期末，菌量还不能积累到一定数量，以后病害就难以达到流行的程度。根据历年资料分析，水稻白叶枯病的流行临界期大体上在水稻圆秆拔节期，流行临界期菌量的大小与水稻中心病株及发病中心出现的迟早及数量有关。

根据荆州地区历年资料，早稻白叶枯病大流行年一般在 6 月上旬见病，6 月中旬出现发病中心，6 月下旬至 7 月上旬进入盛发期，

7月中旬为稳定期；中稻白叶枯病大流行年始见病期在6月下旬，发病中心出现在7月上中旬，盛发期出现在7月底至8月中旬，8月下旬为稳定期；双晚白叶枯病大流行年在秧田期发病，本田期在8月中下旬为普发期（一般无明显发病中心），9月上中旬为盛发期，9月下旬病情基本稳定。而早、中稻和晚稻白叶枯病的中度及轻度流行年的始病期，分别比大流行年相应推迟10和20天。晚稻发病有两个显著特点，一是秧苗期可以发病；二是本田初见病时多呈散发状态，无明显的发病中心，在适宜的气候条件下易暴发成灾。

气候条件：综合荆州地区历年资料，早稻分蘖盛期后当旬平均气温上升到≥24℃，相对湿度≥80%时，一般早稻即可见病，早稻白叶枯病大流行的气候条件是5月份平均气温在21.6℃以上，其中5月下旬平均气温在24℃以上，5月总雨量在100毫米以上，5~7月中旬有暴雨至大暴雨3次（其中包括大暴雨1次）以上，总雨量500毫米左右；中稻白叶枯病大流行的气候条件是6~8月有暴雨至大暴雨3次（其中包括大暴雨1次）以上，总雨量400~600毫米；双晚白叶枯病大流行的气候条件是7~9月总雨量在500毫米以上，有暴雨至大暴雨3次（其中包括大暴雨1次）以上，8月下旬气温高于历年同期旬平均气温（26.7℃），9月上中旬气温不低于历年同期旬平均气温（分别为25.0℃和22.9℃）。总之，降雨量大，雨日多，日照不足，特别是暴风雨频繁是白叶枯病流行的气候条件，但在降雨量和雨日特别是暴风雨次数的时空分布上，一般分别在分蘖拔节期（双晚包括秧苗期）和孕穗抽穗期两个时期均各有一个降雨时段，每一降雨时段，包括较多雨量、雨日，特别是暴风雨出现1~2次，前一降雨时段有利于菌源的侵入、繁殖和菌量积累，后一降雨时段有利于病害的扩散蔓延和暴发流行。不具备以上条件则为中度或轻度流行。

荆门市植保站分析，1974 年早稻白叶枯病大流行的主要原因是，该年 4～5 月气温偏高，分别为 18.6℃ 和 21.5℃，5 月和 6 月中旬至 7 月上旬降雨偏多，分别为 162.9 毫米和 207.1 毫米，6 月中旬至 7 月上旬平均气温偏高为 25.8℃。1975 年、1979 年和 1980 年中稻白叶枯病大流行的原因是，这三年 6 月雨量均在 200 毫米左右，雨日均在 10 天以上，7 月至 8 月上旬雨量为 150～200 毫米。1973 年中稻白叶枯病大流行，6 月雨量虽只有 108.7 毫米，而 7 月上旬至 8 月上旬雨量达 358.4 毫米，雨日达 21 天。1973 年双晚发病严重的主要原因，除了中稻发病严重提供了大量菌源外，与 8 月下旬气温偏高达 28.2℃ 和 9 月上旬降雨偏多达 192.1 毫米有关。

稻　瘟　病

1. 发生和为害

稻瘟病是湖北省主要水稻病害，鄂西南及鄂东南为重发区，大发生频率高，为害程度重；鄂东北为偶发区，高感品种在气候特别适合发病的年份也可流行；鄂西北及鄂中属轻发生区，一般不造成为害。

2. 影响发病的因素

（1）水稻品种及生育期。水稻不同品种对稻瘟病抗性存在明显差异，即对稻瘟病菌侵染的反应表现出抗病、感病或中间型的病斑型及数量或受害程度上的差别。新中国成立以来，由于引进感病品种而造成该病流行的事例不少，1956 年京山种植的中粳银坊、1983 年洪湖种植双晚 "6583"、"6107"（2.5 万亩），1986 年仙桃种植的青革早（3000 亩），均因是高感品种引进种植后，在适宜气候条件下严重发病，造成显著减产。

品种的抗性随着品种种植年限的增加而减弱，一个抗病品种在一个地区大面积种植 3～5 年后，其抗病性就逐渐丧失。据研究，抗病品种感病化现象大多数在该品种普及 3 年后表现出来，该品种一旦感病，常常发病较重；感病化的第 1 年有发病严重的田块，也有发病不严重的田块，田块间差异较大；抗病品种开始引进的 3 年内，其栽培面积比例对感病化的程度有很大的影响，品种栽培面积越大，感病化的危险越大，但是栽培年数对感病化的影响比栽培面积因素的影响更大，以上两个因素对感病化的影响是相互关联的。鄂西自治州植保站监测结果，杂交稻种植 3～4 年，常规稻种植 5～6 年，穗瘟率可达 10%～20%，损失率达 5%～7%。

同一品种不同生育期，抗感病性亦有差异。水稻四叶期至分蘖盛期以及抽穗初期最易感病，出叶及出穗后随着时间的增加，对叶瘟和穗瘟的抗病性也增强。据报道，出叶当天最易感病，5 天后抗性逐渐增强，13 天后很少感病；穗瘟在始穗期最易感病，抽穗 6 天后抗病性逐渐增加。

（2）病原菌致病性的差异，影响品种的抗病性。抗病品种之所以感病化是因为对抗病品种有致病力的小种增殖的缘故。稻瘟病菌生理小种的变动，常导致品种丧失抗性。欧世璜氏指出，不但不同地区不同品种上稻瘟菌的小种不同，即不同病斑有不同小种，甚至同一病斑中不同单孢亦存在变异。根据湖北省稻瘟病研究协作组 1985—1988 年从鄂西自治州、宜昌、孝感、鄂州、襄阳、荆州及武汉等 7 个地（市）24 个县稻瘟病发生区 60 个水稻品种的稻瘟病标样上分离的 304 个有效菌株，用全国统一的 7 个鉴别寄主，鉴定出 8 群 38 个生理小种，根据各种群和生理小种出现的频率，确定 ZB 群为湖北省稻瘟病菌优势种群，ZG 为优势小种，经多次在水稻品种上接种测定，湖北省稻瘟病菌优势致病力小种依次为 ZC[13]、ZC[15]、ZB[15]等。

（3）气候条件。影响稻瘟病流行的气象因素中，最主要的是温度和湿度，其次是光照和风。当气温在 24℃～28℃，田间相对湿度在90%以上，稻株体表持续保持一层水膜的时间越长，越有利于分生孢子的萌发和侵入。简锦忠（1984）报道，稻瘟病孢子在稻叶表面发芽，产生附着孢侵入到发病过程中与气象环境有密切关系，除温度外，露期（露水、雨水及稻叶渗出的水滴等）的长短，直接影响病菌的侵入，据测定，露期长达13小时，有利于病菌侵入，10.5小时发病轻，仅上半夜有水膜不发病。室内露水箱测定，露期12小时比8小时每苗平均病斑数高出很多，露期4小时孢子发芽50%以上，但未形成附着孢不能侵入；10小时有90%孢子发芽，附着孢的形成也增加很多，但大多数未完成侵入。稻瘟病的发生必须有露水存在，才能完成侵入，露期最好保持在12小时以上。

连日毛毛雨，日照不足，风速低而湿度高，水稻分蘖盛期气温偏高，而穗期低温是稻瘟病的流行环境。水稻抽穗期间气温低于20℃，对稻瘟病菌并非最适温度，但低温削弱水稻抗性作用更大，因而有利穗瘟流行。

（4）栽培条件。栽培条件的变化对该病流行有明显影响。湖北省20世纪70年代，一般晚粳稻瘟病较重，这是因为当时大面积种植迟熟晚粳，穗期易遇上低于20℃的寒露风袭击，而80年代以来，晚稻稻瘟病相对减轻，与这些地区淘汰迟熟晚粳后，致使晚稻抽穗期遇上寒露风袭击的几率减少有关；而早稻稻瘟病的加重，则由于保温育秧面积的扩大，有利于苗稻瘟的发生，增加了本田期初始菌源数量，故早稻有发病加重的趋势。余学宏（1989）报道，湖北咸宁地区80年代以来早稻稻瘟病加重，主要是70年代末开始，育秧方式从露地育秧为主改为薄膜保温育秧为主，使秧苗生长期温度由16℃左右上升为21℃左右；且播种至三叶期为湿润管理阶段，极有利于种子上病菌孢子的形成和发芽侵入；此外以种子带菌为初次侵染源比稻草带菌作为初次侵染源在时间上早30天左右，增加2~3个侵染循环。凡是头年稻瘟重的年份，往往次年早稻秧苗发病亦重，也说明了在薄膜育秧条件下，种子带菌对该病的流行起主导作用。

栽培管理技术对稻瘟病发生的影响，其中以施肥及管水最为关键。前期施用氮肥过多，引起稻株徒长，叶色黑绿，宽大披垂和过早封行，常导致叶瘟流行；而追施氮肥过迟过多，致使水稻抽穗延迟，贪青晚熟，易引起穗瘟流行。其原因是由于氮肥施用过多过迟，使稻株体内游离氨基酸含量增加，加之稻丛间郁闭多湿，既有利于病菌侵入、生长和繁殖，又削弱了水稻的抗病性；长期深灌、冷浸及地下水位高的稻田，水稻根系的呼吸作用和吸收养分能力减弱，降低水稻抗病力，易诱发稻瘟病。此外水稻孕穗抽穗期稻田脱水，发病亦明显加重。

3. 测报办法

（1）调查内容和方法。

苗瘟调查：常发区选生长嫩绿的感病品种秧田 2～3 块，从 3 叶期起，每 5 天调查一次，掌握病害初见期，并于最早发病的田块固定 2 个发病点，每点以病株为中心固定 50 株，至拔秧前 10 天为止，5 天调查一次，记载各级病株数、急性病斑数、计算病苗率和严重度。

叶瘟调查：从分蘖始期开始，选择生长嫩绿的感病品种田 3～5 块，每 5 天调查一次，发现中心病株后，在该田块中心病株处固定 4 丛进行调查至拔节为止；在水稻孕穗后，再调查 1～2 次，记载总绿叶数、各级病叶数、急性病斑数和剑叶叶枕发病株数，计算病叶率及病指、叶枕瘟株率。

穗瘟调查：选生长好的早、中、迟各类型田 2 块，每块田定 200 穗，自齐穗开始，每 5 天调查一次，至蜡熟为止，记载各级病穗数、计算病穗率和病指。在水稻蜡熟期病情基本稳定后选各类型田 20～30 块普查穗瘟发病程度，计算病穗率和病指。

稻瘟病菌空中孢子浮游量测定：有条件的地方可采用旋转式孢子捕捉器（转速 1500 转/分，轴高 10 厘米，臂长 15 ~ 17 厘米），安装高度为 1.3 米，系统观察从插秧至齐穗止，一般可以从抽穗前 30 天至抽穗止，每天早上 3 时开机，捕捉 2 小时，然后将载玻片（二片，上涂四氯化碳、凡士林，配方为 100 毫升四氯化碳溶解 10 克凡士林）取回；镜检单位面积（18 毫米×18 毫米）内的孢子数。

病情分级标准：

苗瘟。以株为单位，分 4 级。0 级：无病斑；1 级：病斑 5 个以下；2 级：病斑 5 ~ 20 个；3 级：全株发病或部分叶片枯死。

叶瘟。以叶片为单位，共分 5 级。0 级：无病；1 级：病斑小（长度 0.5 厘米以下）而少（5 个以下）；2 级：病斑小而多（5 个以上）或大（长度 0.5 厘米以上）而少；3 级：病斑大而多；4 级：全株枯死。

穗瘟。共分 6 级。0 级：无病；1 级：每穗损失 5% 以下（个别枝梗发病）；2 级：每穗损失 20% 左右（1/3 左右枝梗发病）；3 级：每穗损失 50% 左右（穗颈或主轴发病，谷粒半秕）；4 级：每穗损失 70% 左右（穗颈发病，大部瘪谷）；5 级：每穗损失 90% 左右（稻颈发病，造成白穗）。

（2）发病趋势预测方法。

综合分析预测法：一般多采用此法，主要根据寄主感病程度、菌量及气象条件进行综合分析，预测穗瘟发生趋势。

首先根据品种的抗病性，感病品种的大量存在，一般占栽培面积的 30% ~40% 或 50% 以上，是穗瘟大发生的基础；菌源则依据叶瘟，剑叶叶枕瘟和急性病斑的发生情况或稻瘟病菌空中孢子浮游量；再根据天气预报水稻感病生育期的气象条件进行分析，早稻破口抽穗期若与梅雨期吻合，日照时数少，气温偏低；双晚破口抽穗期遇寒露风，即有连续 3 天阴雨低温（低于 20℃）天气；山区中稻破口抽穗期昼夜温差大，雾露多，每日持续时间长，均有利穗瘟发生和流行。

夏佩芳等（1989）对湖北省鄂东南和鄂西南的稻瘟病流行气象因素分析，认为早、中稻穗瘟流行与早、中稻抽穗期降水量及降雨日数相关密切，降雨量及雨日对早、中稻穗瘟的流行起主导作用；晚稻抽穗期遇寒露风，伴随阴雨低温，常导致穗瘟流行。

艾仁孝（1989）报道，1989 年鄂西自治州中稻稻瘟病大流行，首先是由于当家品种丧失抗性，而气候条件也有利于该病流行。叶瘟流行期 6 月，该州 5 县市气温为 19.5℃～22.8℃，月雨日 21～25 天，月雨量 225.5～314.2 毫米，由于长期多雨，低温寡照，水稻生育期推迟 7～15 天。而 7 月中下旬中稻孕穗期前后连续干旱，造成抽穗不整齐，穗期延长，加上破口至蜡熟期三次遇到气温突然降到 20℃ 左右，致使不同抽穗期的中稻均受到低温影响，至 9 月中旬穗瘟大暴发。远安县植保站采用定点系统调查和大田普查相结合，根据气候型结合叶瘟预测穗瘟，效果较好。该站认为在品种感病前提下 4～6 月阴雨多，山区寡照露大雾重，叶瘟将大发生；水稻抽穗扬花期若雨日多，低温寡照，空气湿度大，预示穗瘟大发生；1988—1991 年中，1989 和 1991 年穗瘟大发生，7/下～8/中雨日 14～17 天，7～8 月相对湿度 81.2%～84.5%，日照为 367.8～398.2 小时，而轻至中等发生的 1988 和 1990 年，7/下～8/中雨日为 7～10 天，7～8 月相对湿度为 77.4%～77.5%，日照 455.3～546.8 小时。

利用剑叶瘟（或叶枕瘟）进行预测：在山区多雨和湿度大的地区，孕穗期剑叶瘟（或叶枕瘟）发病率与穗瘟损失率的关系比较稳定，根据剑叶瘟（或叶枕瘟）预测穗瘟，可靠性较大。

利用空中孢子捕捉技术进行预测：在山区半山区有条件的地方可采用孢子捕捉技术来监测稻瘟病分生孢子在空中的飞散动态，预测穗瘟的流行程度。稻瘟病田间的发病程度与空中稻瘟病孢子的飞散数有关，特别是抽穗前 30 天内空中的孢子飞散数与后期穗瘟的关系更为密切；一般情况下，抽穗前的孢子捕捉高峰出现早，峰期长，则穗瘟发生就重。通过资料的积累，可根据抽穗前一段时间的空中孢子捕获量与田间穗瘟发生的关系，求出不同地区的穗瘟发生预测式。宣恩县植保站分析了 1983—1991 年 6～9 月降水量与孢子量的关系，以及空中孢子量对田间稻瘟病发生发展的影响，摸索了一些规律，为指导穗瘟预测提供了依据。

根据叶鞘淀粉含量来预测植株的感病程度：许红等（1991）报道，用碘试法与蒽酮法测定的稻叶鞘淀粉的水解糖具有显著的一致性，用碘液染色、显微镜检的分级方法简单，淀粉反应分辨明显，计算方便，故碘试法作为一种检测手段是可行的。根据孕穗期水稻用碘试法测出叶鞘淀粉值与同生育期稻瘟病病指呈显著的负相关关系，能反映稻株对稻瘟病的抗病性，与黄熟期穗瘟损失率有显著的负相关关系，孕穗盛期稻剑叶鞘淀粉值低于 0.4063 的稻田，均应列为防治对象田。

碘试法的具体做法是，剥取剑叶鞘为 3～4 厘米长的小段，浸泡在 1% 碘——碘化钾溶液中，2 小时后观察计数。染色长度在 1/2 以上的叶鞘段数记作 A，不足者记作 B。按下式计算 AB 值（淀粉值）：

$$AB\ 值 = \frac{A}{A+B}$$

稻　曲　病

1. 发生和为害

20 世纪 80 年代以来，湖北省稻曲病有加重的趋势，尤其是鄂西北和鄂西南山区更为突出。1988 年房县稻曲病发生面积占 80%，一般病穗率 5.3%～13.4%，最高达 41.8%，病穗率一般 1.2%～

5.7%，严重的达 11.9%；鹤峰调查，稻曲病的为害程度随海拔高度而加重，由于该病的为害，1988 年平均损失为 16.7%，1989 年平均损失为 9.1%，1990 年平均损失为 7.7%；荆门 1980 年中稻稻曲病大发生，发生面积 22.6 万亩，约占中稻总面积的 21%，其中成灾面积 5374 亩，一般田病穗率 5%～10%，严重田病穗率 20%～30%，最高病穗率达 59%。稻穗发病后，空秕粒增加，千粒重下降。据观察，当病粒率每增加 1%，损失率约增加 3%。尚炳荣（1985）、高峻（1987）报道，用稻曲病病粒混稻谷喂养家禽和家畜试验，可引起慢性中毒。

稻曲病的发生、生态和病原菌的生理生态等基本课题及其侵染循环规律等，目前国内外尚未完全弄清楚。多数研究学者认为稻曲病以菌核越冬，初侵染源主要来自菌核所产生的子囊孢子。目前国内外多数学者认为新采集的厚垣孢子能萌发，其萌发率随贮存时间的延长而逐渐下降；黑色厚垣孢子，萌发率很低，接近不萌发；黄色厚垣孢子萌发的最适温度为 24℃～28℃。据推测黄色厚垣孢子可能作为再侵染引起发病。金敏忠（1987）报道，稻田表面存活病粒遗留的菌核，在杭州 6 月中下旬和 9 月上中旬萌发产生子座和子囊孢子。黎毓干（1986）报道，水稻孕穗后期（幼穗分化 6～8期）是此病的侵染期，在开花期已发生侵染，潜育早稻 14～18 天，晚稻 18～39 天，抽穗后 7 天开始出现病粒，8～13 天盛发，15～16 天病粒基本停止增加，这时不管病粒出现早迟，均于灌浆初期表现症状。药剂防治以孕穗后期（幼穗分化 6～7 期）效果最佳。王兴国（1991）报道，水稻齐穗后 4～5 天见病，8～10 天为发病高峰，高峰期的病穗数占总病穗数的 75% 以上，全部病穗在齐穗 15 天出现，当健粒进入乳熟时，病粒体积达最大值。

2. 影响发病的因素

（1）品种。品种间发病程度有差异，1987 年荆门稻曲病大发生，该市植保站调查，桂朝二号平均病穗率75.8%，荆矮糯平均病穗率15.9%，汕优63平均病穗率约1.8%；1989年安陆植保站8月中旬调查，特青1号、2号病穗率达100%，病粒率达20%；各地调查结果表明，一般大穗型品种重于小穗型品种，密穗型品种重于散穗型品种；发病部位以稻穗中下部为主，一般占80%～90%。

（2）气候条件。孕穗至抽穗扬花期雨日雨量多，相对湿度在90%以上，以及偏施氮肥均对发病有利。鄂西北及鄂西南山区日照少，云雾多，湿度大，故常发病严重。

3. 发病趋势预测

在常发区发生趋势预测主要根据上年田间发病情况及种子带菌情况，估计菌源数量，再根据品种抗感病性，以及天气预报在水稻孕穗至抽穗期的雨日雨量，综合分析作出发生趋势预测，及时指导防治。感病品种，上年田间发病重和天气预报水稻孕穗抽穗期有连雨，预示稻曲病将严重发生。

稻粒黑粉病

1. 发生和为害

自20世纪70年代后期以来，随着杂交稻的推广，湖北省稻粒黑粉病有加重的趋势，尤其是杂交制种田和母本繁殖田更为突出，一般年份病粒率5%～15%，重病年病粒率可达30%～50%，一般减产1～2成，高的达40%以上。据报道，稻粒黑粉病的厚垣孢子在自然环境下能存活1～2年，在种子贮存期可存活3年，病谷喂饲家畜家禽，成团的厚垣孢子通过消化道后尚有发芽能力。

病害侵染菌量来源包括田间残留菌量（病粒）和种子带菌两个方面，尤以土壤表面为主。次年水稻开花至灌浆期，在水面或潮湿土面的厚垣孢子萌发产生担孢子或次生担孢子，由气流传至花器、子房或幼嫩的谷粒上，萌发侵入。杂交稻制种田及其母本繁殖田，稻粒黑粉病的侵染期为母本开花期，侵染高峰期在盛花期，在日平均气温 24.6℃，相对湿度 86.0% 时病菌侵入后的潜育期一般为 17～21 天。王国平（1988）报道，在极适宜的气候条件下试验，不育系在开花前 5 天就能受到本病菌担子孢子的侵染，在开花前 3 天至开花后 5 天内，维持较高的侵染率，在开花后 10 天仍可受到侵染。陈毓苓等（1992）报道，据不同生育期接种结果，水稻孕穗期和插穗期接种的发病率最高，这可能是水稻感病的敏感时期。

2. 影响发病的因素

（1）菌源数量。上年田间病害发生情况及田间残留菌量与次年病害发生轻重关系密切。李宣铿（1990）报道，稻田翻耕后的残留菌量（病粒）较未翻耕的板田菌量减少 77.1%，孢子发芽率降低 75% 左右，1988—1989 年对 11 个经精选机选种后的杂交稻种子进行带菌率检查，病粒率为 3.5%～8.7%。

杂交制种田连茬种植，土壤中菌源积累发病加重。据试验，埋入水田的病粒 9～13 个月内发芽率为 0.3%～1.9%，以后发芽率全部丧失，说明制种收获后，残留于病田的病粒都能成为次年侵染来源。陈毓苓报道，据 1988 年和 1989 年在丹阳练湖农场制种田调查，未种过杂交稻的田带菌量为 0.999 亿个孢子/平方米，隔年杂交制种田带菌量为 2.275 亿个孢子/平方米，连年杂交稻制种田带菌量为 4.4 亿个孢子/平方米，为常规稻田带菌量的 4.4 倍。土壤带菌量有明显的累积现象，连年制种田为 32 个孢子/克土，制种 1 年的田为 15 个孢子/克土，杂交稻大田为 8 个孢子/克土，常规稻田为 1 个孢子/克土；安徽潜山连作制种田第一年病粒率为 0.7%，第二年病粒率为 3%～8%，第三年病粒率为 15%～20%。

（2）品种。品种间发病程度差异明显，主要是开花习性所致，颖壳张开角度大，时间长，柱头接收孢子侵染的机会就多，发病就重。

（3）气候条件。水稻孕穗至扬花期遇连阴雨，田间穗层湿度大，有利于发病，据大悟县植保站调查，杂交制种田孕穗到乳熟期，1987 年有 15 天阴雨，病粒率平均为 32.6%；1989 年只有 3 天阴雨，病粒率平均为 17.4%；1990 年仅 1 天阴雨，病粒率平均为 6%。不同穗层发病轻重不同，上层穗病粒率为 3.2%，而下层穗病粒率达 16.5%。母本割剑叶（留下剑叶长度平均 12 厘米）发病轻，平均病粒率达 8.5%，而未割剑叶（平均长度 25.3 厘米）发病重，平均病粒率达 15.4%。不同穗层和割剑叶与否，发病程度不同，可能均与湿度差别影响发病有关。

（4）氮肥施用量。过迟过量施用氮肥，发病加重，据不同施肥量试验，高氮区（纯氮 24.3 千克/亩）病粒率为 39.2%，低氮区（纯氮 13 千克/亩）病粒率为 11.6%。

3. 发病趋势预测

主要根据杂交稻制种田和母本繁殖田是否连作、连作年限、上年田间发病情况以及天气预报孕穗至扬花期雨日和雨量，对发病趋势进行预测。杂交制种田连作，尤其是连作年限长和上年发病重，天气预报孕穗至扬花期有连阴雨，预示稻粒黑粉病将大发生，应及时作出预测，认真组织防治。

水稻叶尖枯病

1. 发生和为害

20 世纪 80 年代以来，水稻叶尖枯病明显加重，已成为杂交水稻和常规中籼稻后期的一个重要病害。水稻发病后上部功能叶提前衰枯，秕谷率增加，千粒重下降，一般减产 10% 左右，严重的可达 20% 以上。除为害水稻外，它还寄生于无芒稗、双穗雀稗、李氏禾、狗尾草等十多种禾本科杂草。

水稻叶尖枯病一般于水稻拔节至孕穗期开始主要为害叶片，自叶尖或叶缘始病，开始为墨绿色，然后沿叶缘或叶片中央向下扩展，病部呈灰褐色，最后变为枯白色，发病后期在叶缘一侧或两侧，以及叶部中央形成长条状病斑，病健交界处常有一条褐色条纹，病部薄而脆，易纵裂，严重时全叶枯死，后期稻叶和颖壳病部内生许多黑褐色小点，即病菌的分生孢子器。

该病病原为 Phoma Oryzaecola Hara。病菌主要以分生孢子器在病叶和病种颖壳内越冬。在老病区落在田中的病叶是主要的初侵染来源。据江苏农学院研究，自然表土或土下的稻叶上病菌残存率在8个月后可达50%左右，室内存放2年的病叶上病菌残存率仍达20%以上。病稻种对于新病区的形成起着重要作用，病区稻种带菌率一般为0.5%~2.5%，其带菌部位主要是颖壳，此外病菌能侵染田间十多种禾本科杂草，因而杂草带菌也是病害侵染循环中的一个不可忽视的因素。

病菌的分生孢子器释放的分生孢子随风雨传播至水稻叶片上，条件适宜时经叶尖、叶缘或叶片中央伤口侵入。据江苏东台市植保植检站1982—1990年调查，始病期一般在水稻拔节至孕穗期（7月下旬至8月上旬），开始田间形成明显的发病中心，后逐步蔓延。病菌一般侵染6~8天后，开始形成分生孢子器，12天后有大量分生孢子溢出，进行再次侵染。在水稻灌浆初期（8月下旬至9月上旬），田间病穴率、病叶率和病指急剧增长，出现第二个发病高峰。就群体而言，病菌对水稻不同叶位叶片的侵染有一定的顺序性，即初期发病主要是倒5、倒4和倒3叶，后逐步扩展到倒2叶和剑叶，但是并非所有稻株发病均是如此情况。

2. 影响发病的因素

水稻叶尖枯病的发生和流行，除菌源外，主要取决于气候、稻型与品种及栽培措施等因素。

（1）气候。据江苏东台市植保植检站观察，水稻孕穗至灌浆期，中温多雨和多台风有利于病害的发生，其中台风暴雨是病害流行的关键气候因素。发病适温为 25℃ ~ 28℃。日平均气温在 30℃以上，病害发生迟，扩展慢。大田湿度达 82% 以上，均可发病，湿度越大，雨日越多，发病越重。台风暴雨的侵袭，不仅稻叶造成大量的伤口，而且提供适合发病的高湿条件，因而有利病菌的侵入、扩展和传播。所以暴风雨后，病害往往迅速蔓延。

（2）品种和生育期。一般杂交籼稻发病重，常规中籼稻次之，粳糯稻发病轻。据江苏农学院通过大田人工接种进行品种抗性鉴定研究，目前包括汕优、威优、协优和 D 优等系统 26 个籼型杂交组合大都是高感和感病类型，占 88.5%。常规中籼稻品种间抗病性差异较大，45 个品种中感至高感的占 35.6%，中感的占 26.6%，中抗的占 37.8%。7 个粳糯稻品种大都为抗病类型，占 71.4%。抗性鉴定中发现，一般秆高、叶长且披软的品种如杂交籼稻和许多地方籼稻品种较为感病。抗病品种特别是粳稻品种，在接种口下面往往有明显的褐色病变反应。

同一品种不同生育期，感病度不一致。人工接种试验表明，不同生育期的稻叶均能发病，但苗期和分蘖期的病害潜育期较长，病斑扩展缓慢，而孕穗、抽穗扬花期和乳熟期的病害潜育期较短，病斑扩展速度为前者的 4 倍左右。自然情况下大田发病也往往在水稻孕穗至灌浆阶段。药剂防治适期为水稻孕穗后期至破口初期田间出现发病中心时，施药效果最好。

（3）栽培管理条件。以肥水管理与发病的关系最为密切。一般偏施、迟施氮肥，导致稻株旺长，叶片宽长、披垂，抗病性下降，同时田间郁闭，有利病菌的侵染和繁殖，促进病害的发生蔓延。增施有机肥配合磷钾肥及硅肥，可明显提高稻株的抗病能力，减轻发病。据调查，水稻分蘖后期不及时晒田或晒田不足以及田间长期积水一般发病较重。此外稻株栽插密度越大，病害发生越重。

3. 测报办法

（1）调查内容和方法。以杂交中稻为重点，选常年主要发病组合 5～10 块，分别在圆秆拔节期和孕穗初期各调查一次，调查方法采用双行平行取样法，每田块查 20～40 蔸，记载病蔸数和各级病叶数，并目测田间有无发病中心，另取 5 蔸记载总叶片数，计算病蔸率、病叶率及病指，作为预测发病趋势的依据。此外在水稻蜡熟期为害基本定局时再调查一次为害情况，方法同上。

附：水稻叶尖枯病分级标准（以叶片为单位）

0 级：无病；

1 级：病斑占叶面积 5% 以下；

2 级：病斑占叶面积 5%～25%；

3 级：病斑占叶面积 25%～50%；

4 级：病斑占叶面积 50%～75%；

5 级：病斑占叶面积 75% 以上或全叶枯死。

（2）发病趋势预测。根据当地栽培主要品种的抗病性、水稻圆秆拔节期发病情况（有无发病中心）以及天气预报水稻感病生育期（孕穗至灌浆期）的气候条件，结合水肥管理情况综合分析，作出发病趋势预测。若品种感病，圆秆拔节期见发病中心，天气预报孕穗至灌浆期多雨，则有大流行可能。

云形病和褐色叶枯病

1. 发生和为害

20 世纪 70 年代以来，湖北省云形病和褐色叶枯病的发生为害有上升的趋势。1975 年初次出现流行，局部稻区稍有为害；随后 1979 年、1980 年、1983 年和 1989 年出现多次大流行，遍及全省主要稻区，尤以鄂东南以及江汉平原部分稻区发生面积较大，水稻发病后，稻谷千粒重下降，空壳率增加，一般减产一成左右。

这两种病害可以菌丝体在病草和稻谷上越冬。次年水稻分蘖末期开始发病，随后借病部产生的分生孢子再度扩散为害，一般均自下部叶片发病再向上部叶片蔓延，至孕穗末期发病加重，开花至灌浆期达发病高峰，严重时稻株下部叶片大量枯死，甚至全株叶片焦枯。

2. 影响发病的因素

（1）气候条件。云形病菌发育温度为 20℃ ~ 27℃，最适温度为 20℃。褐色叶枯病菌生长最适温度是 24℃ ~ 27℃。中温多雨高湿有利于发病，如 1980 年荆门大发生，中稻上有两次明显发病高峰，在 7 月上中旬降雨 365.1 毫米，雨日 12 天，平均气温为 24.2℃，在 7 月下旬早插中稻上出现一次明显发病高峰，在 8 月上中旬降雨 143.9 毫米，雨日 9 天，平均气温为 24.6℃，在 8 月中旬迟插中稻上又出现一次发病高峰。1983 年江陵中稻 "691" 全生育期出现三次发病过程，亦与水稻生育期内三次长期阴雨过程相吻合，其中 6 月 19 日 ~ 7 月 15 日雨日 24 天，降雨 337.2 毫米，旬平均气温 24.0℃ ~ 25.6℃，在 7 月上中旬中稻圆秆拔节期出现第一次发病高峰，8 月 7 ~ 14 日降雨 49.9 毫米，雨日 5 天，气温 26℃，在中稻孕穗抽穗期病情有所加重，8 月 19 日 ~ 9 月 2 日降雨 11 天，雨量 191.2 毫米，气温 24.7℃，在 8 月下旬中稻灌浆期又出现一次发病高峰。

（2）品种。籼稻发病最重，粳稻次之，糯稻最轻。1980 年中稻褐色叶枯病大流行，主要感病品种是 "691" 发病重，其他品种如桂朝 2 号和南京 11 号等发病较轻；80 年代中后期中杂汕优 63 普及后，云形病发生明显加重，有的年份单独发生，有的年份与叶尖枯病混合发生，加剧为害，严重时全田一片枯白。

（3）水肥管理。氮肥施用过多，水稻生长过旺，封行过早及低洼积水田和长期灌水田，往往发病严重。1975 年江陵纪南红光大队早稻施用氮肥多，晒田不好，普遍发病严重，部分田一片枯黄，而其他地方，发病轻微。

3. 测报办法

参照水稻叶尖枯病。但本病发生初期无明显发病中心，防治适期宜在水稻孕穗后期叶尖叶缘初发病阶段，效果最好。

稻苗疫霉病

1. 发生和为害

稻苗疫霉病在早、中稻秧苗期发生，多数发生在秧苗第三、四叶上，距叶尖 3 ~ 7 厘米的叶片中部或边缘，最初出现淡褐色圆形或椭圆形小斑点，环境适宜时呈墨绿色不规则条斑，病斑长 1 ~ 2 厘米。由于病斑扩大和相互连接成不规则条斑，致使叶片常纵卷或折倒，高湿时病斑上有白色霉层，病斑变褐色，中间灰褐色，白霉也渐变灰褐色，一般仅中下部叶片枯死。移栽后，田间小气候恶化，通风透光好，湿度降低，抽出新叶后逐渐恢复正常。

金敏忠（1984）报道，稻苗疫霉菌为草霉疫霉菌的一个新变种，Phytophthora Fragariae HICRM Var Oryzo—bladis Wang et lu, Var noV。

2. 影响发病的因素

湖北省 4 月下旬至 5 月中旬，多阴雨，气温 15℃ ~ 25℃，相对湿度 80% 以上，适合发病。气温 17℃ ~ 21℃，相对湿度 85% 左右最适合病害流行。叶片宽大的品种发病较重，秧苗播种过密、施用氮肥过多、生长嫩绿及秧田灌水过深均有利于发病。故秧田发病区，只要实行浅水管理，移至大田后由于湿度降低，一般不需药治，就会抽出新叶自然恢复。

3. 测报办法

在 4 月下旬至 5 月中旬对早、中稻秧苗开展目测普查,在秧苗初见病后,根据天气预报未来几天的天气情况,预测发病趋势,若天气预报中温多雨,则该病可能流行,要根据病情发展及时指导,采取措施,控制为害。

水稻小粒菌核病

1. 发生和为害

20 世纪 70 年代以来水稻小粒菌核病在晚稻上的发生为害有加重趋势。1970 年和 1971 年发病面积迅速扩大,汉阳县双晚 29 万亩,1970 年发病 5 万亩,轻者减产一二成,重者减产一半,个别稻田颗粒无收;1971 年发病 14 万亩,由于采取了一系列防治措施,基本控制了为害;1973 年、1974 年、1975 年、1983 年和 1985 年全省晚稻小粒菌核病出现多次流行,对晚稻生产威胁很大。

该病在早稻上 5 月上旬开始发生,6 月上中旬病株增多,但抽穗后病斑多局限在外部叶鞘上,而且形成菌核极少,受害程度很轻,为害不大;而在晚稻上自苗期开始发病,分蘖期病情缓慢发展,病斑出现在外层叶鞘基部,圆秆孕穗期病情发展较快,株发病率迅速增长,外部叶鞘上病斑扩大,乃至病斑互相融合,但仍只在叶鞘上发病;抽穗扬花期,病情加重,向内部叶鞘蔓延,并开始侵入茎秆,乳熟至黄熟期,病斑主要在茎秆上发展蔓延,并形成菌核,逐步出现青枯倒秆乃至成片枯死。

2. 影响发病的因素

(1) 气候条件。病菌生长发育所要求的温度是 11℃ ~35℃,以 25℃ ~30℃ 最为适宜,长期阴雨,日照不足有利于发病。湖北省早稻生长中期,常遇梅雨,病情上升快,而生长后期进入伏旱季节多为高温干燥天气,不利于发病,同时早稻后期稻田不落水,病斑多停留在叶鞘上，很少侵入茎秆，故受害较轻。但双晚生长前期一般遇高温干燥，田间湿度小，病情发展缓慢，而圆秆拔节后，田间湿度上升，病情发展加快，至乳熟期往往稻田落水，病情加剧，所以晚稻受害比早稻重。汉阳植保站观察，1970 年 9 月雨日 20 天，月降雨量 194.4 毫米，月平均相对湿度 86%，10 月上旬全为晴天，该病发生严重，晚稻早熟品种 10 月上旬成片枯死，迟熟品种 10 月中旬成片枯死；1971 年 9 月雨日 10 天，月降雨量 23.5 毫米，月平均相对湿度 77%，该病发生较轻，晚稻早熟品种 10 月上旬零星死亡，迟熟品种 10 月底部分死亡。

（2）水肥管理。水稻生长前中期深水灌溉，后期断水过早，稻田干旱过久，以及长期积水的烂泥田，发病往往较重。汉阳县植保站 1970 年双晚圆秆拔节期调查，分蘖期深水灌溉的稻田株发病率为 63.5%，而浅水灌溉的稻田，株发病率仅 34.9%。在水稻黄熟期调查，前期发病重的田在乳熟期深水"保苗"的病指为 45，而未灌水的病指为 62.3。双晚分蘖末期适时晒田，后期湿润管理可减轻发病。据调查，分蘖末期晒田的病指为 46.2，而未晒田的病指为 80。前期灌深水发病重的稻田，若抽穗灌浆后田间断水干旱，易造成青枯倒伏。氮肥施用过多过迟或肥料不足后期早衰，均可加重发病。荆州地区植保站 1975 年对比观察，每亩施纯氮 12 千克的青枯株 68%，每亩施纯氮 6 千克的青枯株 18.4%。李平良（1986）报道，钾肥不足是促使本病逐年加重的主要原因，据试验，晚稻在 8 月 15 日每亩施氯化钾 7.5 千克，株发病率为 34.4%，死秆为 19.5%；不施钾肥株发病率为 82.3%，死秆率为 58.1%。汉阳县植保站调查：每亩施用钙镁磷肥 20 千克，病指为 20，而未施磷肥，病指为 78。故对本病的防治，主要是加强肥水管理，特别是双晚生长后期，防止断水过早，坚持湿润管理，可大大减轻为害程度。

（3）品种及生育期。不同品种抗病性差异很大。一般早稻发病轻，而晚稻发病重，晚稻中以晚粳、糯稻发病最重，据调查以农垦 58 最感病，而沪选 19 号、南粳 8 号较抗病。同一品种又以抽穗以后抗病下降，尤其是灌浆后，随着稻株衰老，为害加重。

（4）菌源数量。菌核抗逆能力很强，稻株发病率高低与土壤中菌核数量的多少有关。但一般田间菌核数量很多，均能满足大发生的菌源数量。

此外稻飞虱、叶蝉和螟虫为害重的稻田，使稻株生长势削弱，抗病力降低，也加重该病为害。

3. 测报办法

（1）调查内容和方法。以双季晚粳为重点，在水稻圆秆拔节期和孕穗期各调查一次病情，提供指导综合防治的依据，选当地主要感病晚粳品种 3~5 块，采取双行平行取样，每块田调查 100 兜，记载各级病株数，另取 10 兜记载总稻株数，计算病株率及病指。在水稻黄熟初期为害基本定局时调查一次发病程度，调查方法同前。

（2）发病趋势预测。主要根据水稻品种的抗病性，水稻圆秆拔节期至孕穗期的发病情况及天气预报水稻抽穗扬花至灌浆期的降雨情况以及寒露风的迟早，综合分析作出发病趋势的预测。若品种感病，圆秆拔节期至孕穗期发病较普通，天气预报水稻抽穗扬花至灌浆期雨日多，灌浆后天气干旱加上田间断水早，则可能大发生。若遇寒露风可加剧病情发展，加重损失程度。

附：小粒菌核病病情分级（以株为单位）

0 级：叶鞘上无病斑；

1 级：基部叶鞘上出现初期病斑；

2 级：叶鞘上病斑扩大并开始互相连接；

3 级：稻茎基部变黑一半；

4 级：茎秆开始出现青枯；

5 级：稻株枯死，茎秆内出现菌核。

$$病情指数 = \frac{\sum (各级病株数 \times 各级代表值)}{调查总株数 \times 最高级代表值}$$

水稻恶苗病

1. 发生和为害

20 世纪 80 年代中期以来，随着杂交稻的推广，水稻恶苗病在一些感病的杂交组合上发生非常严重。据 1986 年 4 月 29 日在松滋杨林市的调查，早杂威优 17 苗田 548 亩，水稻恶苗病株率一般 10% ~40%，高的达 50% 以上。

带菌种子是初次侵染的主要来源，主要以分生孢子附着在种子表面和以菌丝体潜伏在种子内部越冬，其次是病草中也有一定菌量，并能安全越冬。据报道，以种子表皮带菌率最高，其次是种皮内部，再其次是胚和胚乳，其带菌率分别为 14.68%、12.59%、3.58% 和 3.36%。从病谷所长出的幼苗均有病菌感染，其后病株上产生分生孢子经风雨传播，引起再侵染。当水稻抽穗开花时，分生孢子侵染花器，在脱粒时病组织上的分生孢子亦可黏附在种子外面，使种子带病。

2. 影响发病的因素

（1）气候条件。水稻恶苗病菌在 30℃ ~35℃ 时繁殖最快，在 20℃ ~25℃ 时虽能繁殖，但速度缓慢，在 40℃ 以后受到明显抑制。催芽时温度较高和时间过长，有利于病菌繁殖和感染，在育秧期间床温超过 30℃ 以上，有利于病菌侵染，可加重发病，故薄膜育秧和温室育秧比露地育秧的秧苗往往发病要重。

（2）品种。品种间抗病性差异显著，以威 20 不育系作母本配制的威优系统杂交稻，恶苗病发生严重，而以珍汕 97 作母本和以

D 汕作母本配制的汕优系统和 D 优系统均不发病。

（3）其他。湖南黔阳种子公司试验威优系统杂交稻制种田过量过迟喷施"九二〇"，可加重发病；但黄天圭（1990）报道杂交稻发病轻重与制种田使用"九二〇"用量无关。

3. 发病趋势预测

主要根据杂交组合或品种的抗感病性以及育秧方式作出发病趋势预测，及时指导种子处理。在生产实践中，如为感病杂交组合，均需全部进行种子处理，预防发病。

水稻干尖线虫病

1. 发生和为害

水稻干尖线虫病在我国最早于 1940 年由日本传入天津市郊，以后扩展至全国。20 世纪 80 年代中后期，水稻干尖线虫病在湖北省双季晚粳上发生为害较重。1986 年据荆州地区不完全统计，双晚发生面积 35.4 万亩，其中仙桃发生 21 万亩，一般发病田块损失率 7.5%，严重田块损失 40% 以上。

病原线虫在种子内存活时间达 1 年以上。裘童兴（1991）报道，病原线虫在病种子内 5 个月存活 84.3%，8 个月存活 12.5%，13 个月存活 19.8%；病原线虫侵入时期主要是种子露白播种至秧苗三叶期。嘉兴市农科所试验，种子露白时接种，病株为 16.5%；三叶期接种，病株为 17.2%；移栽期接种，病株为 1.86%。据日本吉井报道，大约有 3/4 受侵染的分蘖虽穗部寄生了线虫，却不表现症状。朱春华等（1986）报道，隐症株率亦在 30% 以上。

2. 影响发病的因素

（1）品种。品种间抗病性有明显差异，据浙江报道，秀水 620 发病最重，病株率为 11.98%，而祥湖 84 的病株率仅为 1.25%。

（2）气候条件。播种后 10～15 天内气温与降水量是影响水稻干尖线虫病轻重的主要气候因素，气温偏低，雨量偏多有利于发病。

3. 发病趋势预测

主要根据种子上年田间发病情况及天气预报播种后 10～15 天内的气候条件是否有利发病作出当年发病趋势预测，及时指导大面积做好种子处理，预防病害发生。在生产实践中，凡上年发病的种子，均需进行种子处理。

水稻细菌性条斑病

1. 发生和为害

水稻细菌性条斑病在国外越南、菲律宾和印度等地发生，国内广东、广西、湖南、福建、四川、江西、浙江、云南、贵州等省部分地区发生为害，一般减产 10%～20%。

病种和病草是传播该病的主要来源，病谷播种后，病菌就会侵害幼苗的根及芽鞘而发病，栽插后又将病秧带入本田，如用带菌稻草催芽扎秧把等，又可将病菌带入秧田和本田。此外病菌亦可随雨水带入稻田，引起发病。病菌主要从气孔侵入，也可由伤口侵入，并借风雨，露水和叶片接触等进行再次侵染，还可通过人畜活动传播蔓延。

2. 影响发病的因素

（1）气候条件。病害发生期间高温高湿、暴风雨频繁或洪涝灾害，有利于该病发生和传播蔓延，往往易造成大流行。李建仁（1989）报道，当平均气温 23℃～30℃，相对湿度 78%～92% 时，1 片稻叶 1 天平均增加 1.27 个病斑，1 条病斑 1 天平均增长 0.24 厘米；平均气温 27℃，相对湿度 88% 时，1 片稻叶 1 天可增加 5 条病斑，1 条病斑可增长 0.85 厘米，此时发病最快；气温降到 16℃以下，无新病斑出现。

（2）品种及生育期。品种间抗性差异显著，同时病害发生流行与水稻生育期有密切关系。李建仁（1989）报道，1987 年观察，抗病品种（组合）病情指数为 0.33～7.5，而高感品种（组合）病情指数为 35.83～80.00；1986—1988 年在湖南衡阳观察，该病自本田孕穗初期始发（早稻 6 月 12～19 日，晚稻 8 月 20～28 日），孕穗末期盛发（早稻 6 月 25～30 日，晚稻 9 月 1～12 日），乳熟末期进入发病高峰（早稻 7 月 3～5 日，晚稻 9 月 10～27 日），蜡熟期停止发展（早稻 7 月 8～10 日，晚稻 9 月 15 日至 10 月 2 日）；该病一般从倒数第四叶最先发病，逐渐向上扩展，乳熟末期发展到剑叶，从倒数第四叶开始依次上升一个叶位需经 15 天、5 天和 5 天。发病初期有明显的发病中心，随后向四周扩展，发病中心向外扩展最大面积可达 14 平方米。

湖南农科院 1987—1989 年对水稻品种抗白叶枯病和细菌性条斑病的抗性差异进行了研究，供试品种分双抗型、单抗型和双感型。双抗材料来自印度、孟加拉和菲律宾，单抗细条病品种大都来自国内新品种，单抗白叶枯病品种大都来自南亚和国际水稻研究所。

（3）水肥管理。病害发生为害还与栽培管理措施有关，偏施或迟施氮肥，长期深灌，有利于发病。广东省农科院（1984）在晚稻上试验结果表明，随着施氮量增加，细菌性条斑病的为害有加重趋势，其中高氮区（亩施纯氮 13.5 千克），病情指数为 16.7，较低氮区（亩施纯氮 7.5 千克）和不施氮区分别增加 14.3 和 16.5。

该病是湖北省重点植物检疫对象，要加强种子管理，严格检疫措施，防止该病传入。

水稻细菌性基腐病

1. 发生和为害

水稻细菌性基腐病在 80 年代前在江苏苏南局部发生，随后在江苏、上海、广东、广西、湖北、四川均有报道。

水稻感病后，植株至齐穗时上部稻叶和稻穗脱水青枯干死，病株分蘖减少，根系发育不良，生长点腐烂，部分植株茎节生有稀而短的气生根，地下部位的茎基节褐色，并伴有恶臭，基部叶鞘和须根黑色腐烂，往往 1 丛稻中有 1 个至数个稻株枯死。

曹振乾（1986）报道，1984 年定点系统观察和大面积调查，该病在单季晚稻整个生长期间有 4 个发病高峰，一般在移栽后 1 周左右可出现病株，10～15 天进入第一发病高峰，以"枯心型"病株为主，初步认为是拔秧移栽造成根伤感病，栽秧后 20～30 天出现第二发病高峰，新增病株多为"剥皮死"（心叶不卷枯，病叶白下而上枯黄），此次发病高峰可能是在拔秧移栽过程基部叶鞘受伤病菌侵染造成，第二发病高峰出现时，田间"剥皮死"与"枯心死"各占一半左右；搁田以后，特别是搁田过重的田块出现第三发病高峰，田间出现一大批"剥皮死"病株，可能搁田过重造成水稻伤根感病所致；在抽穗灌浆阶段由于遇低温西北干风，病株水分养分供不应求，病情加剧，大量出现"青枯"病株，继而造成枯孕穗、半枯穗和白穗，形成第四发病高峰。管理粗放、断水过早或后期早衰田块，尤为严重。

水稻细菌性基腐病病原菌定为菊欧氏杆菌玉米致病变种（Erwinia Chrysanthemi PV. zeml）（洪剑鸣，1986）。

王金生（1987）报道，病原细菌可以从叶片上的水孔、伤口及受伤的叶鞘和根系侵入，引起不同类型的症状，而以根系侵入为主。该病原侵入后主要在根茎的气腔中作系统侵染。

2. 影响发病的因素

该病发生发展与品种、肥料和水浆管理等因素密切相关。品种之间抗病性有明显差异,以粳稻发病较重,单季晚粳重于中粳,单季晚粳中又以晚熟品种重于早熟品种,杂交稻发病最轻;增施钾肥和有机肥能减轻发病。据试验,亩施氯化钾 10 千克的病株率和病情指数分别为 40.48% 和 23.21;未施钾肥区分别为 100% 和 92.42。施猪圈肥 40 担,菜饼 20 千克的田病株率为 6%,病指为 2.1;未施有机肥的田病株率高达 70.5%,病指为 60。调查表明,地势低洼、土质黏重和长期深灌水的田块发病重,烤田过重或后期过早断水,病情加剧。

3. 发病趋势预测

目前对本病尚无预测方法,在常发病区,对感病品种,应特别加强水肥管理,预防或减轻发病。

水稻褐鞘病

水稻褐鞘病为南方稻区普遍发生的一种病害,一般发病率为 10% ~50%,感病品种发病率高达 90% 以上。

该病又称紫秆病,紫鞘病及褐鞘症等,目前对发病原因争论较大。张宝棣(1986)报道,斯氏狭跗线螨(Steneotaronemus Spinki Smiley)为华南地区水稻褐鞘症发生的主要害螨;张超然(1986)报道,确认引起紫鞘病病菌是 Acrocylindrium Oryzae,带菌种子是本病的主要初次侵染来源;罗宽等(1988)报道,经鉴定褐鞘病病原菌为 Xanthomonas Campesfris PV. Brunneivagginae。

罗宽等(1988,1990)报道该病研究概况:无论抗感品种随着病级的增加,空壳率病粒增加,千粒重下降,抗病品种病情最重的 3/4 的剑叶叶鞘发病,千粒重减少 1.18% ~4.16%,而感病品种病情最重的剑叶发黄及下一叶鞘发病,千粒重下降 3.99% ~

7.95%。无论哪一个品种，早稻在齐穗期开始发病，乳熟期和蜡熟期为发病高峰；晚稻在抽穗始期开始发病，乳熟至蜡熟期为发病高峰期，黄熟期逐渐停止。降雨多的年份发病重，随着施氮量增加，病害发生加剧，叶枯净、叶青双、链霉素、井岗霉素均无效果，杀螨剂无效。研究表明，病谷、室外过冬病草、棒头草及狭跗线螨都可带菌，因该病的抽穗期才发生，故棒头草和螨带菌作为侵染来源可能性更大。

水稻细菌性褐条病

20世纪70年代以来水稻细菌性褐条病上升为湖北省常发病害，有的年份发生较重。

细菌性褐条病主要发生在秧苗期，成株期也可发病，种子带菌是本病初次侵染的主要来源，病株残体及病田土壤亦可传病，秧苗三叶期遇上暴雨，秧苗受淹，易诱发本病。稻田淹水是此病发生的主要诱因。浙江临安县植保站观察，在气温18.5℃～19.9℃时暴雨淹苗后发病严重；品种间抗病性差异显著，以矮秆品种中稻及杂交中稻易于感病；同一品种不同生育期抗性不同，以苗期和孕穗末期较易感病，而抽穗期抗病性显著增强。

本病不作预测，在初见发病后，及时指导秧田进行浅水管理，减轻发病。

水稻黄矮病

1. 发生和为害

水稻黄矮病又名暂黄病、黄叶病，分布在我国南方稻区，曾在1966—1968年、1972—1974年和1977—1978年在湖北省南部出现大流行，1978年以后发生为害轻微。

黄矮是本病的主要特征。最初顶叶及其下一、二叶尖褪色，出现碎绿斑块，以后叶尖变黄，并向基部逐渐扩展。叶脉往往仍保持绿色而叶肉黄色杂有碎绿斑块，病叶呈明显黄绿相间条纹，最后病叶枯卷。病株叶片平伸，株形松散，分蘖停止，根系发育不良。苗期感病植株容易枯死，后期感病植株往往只剑叶上表现症状，虽能抽穗，但结实率低。水稻主要在秧田期和本田初期感病，发病高峰在水稻拔节期，孕穗期病情基本稳定。

该病病原是水稻黄矮病毒（PYSV）。传毒媒介是黑尾叶蝉，还有大斑及二点黑尾叶蝉，不能经卵传递，该虫在病株上吸食 3 小时，全部虫体均能带毒，一般经过 17 ~ 21 天的循回期，多数虫体每天都能传毒，它们在健株上吸食 24 小时以上就有 90% 的虫体能传给水稻，水稻感病后早稻一般经过 35 ~ 45 天，晚稻经过 15 天左右的潜育期表现症状。

本病以越冬若虫从晚稻病株上吸毒，病原在黑尾叶蝉体内越冬，第二年 4 月若虫陆续羽化迁入早稻秧田和早栽本田而传病，第二、三代成虫从早稻上吸毒后迁至晚稻秧田和早栽本田传病。

2. 影响发病的因素

（1）毒源的多少是影响病害流行的主要条件，传毒黑尾叶蝉的多少与带毒虫率的高低直接影响发病轻重。

凡越冬黑尾叶蝉虫口密度大、带毒率高和早稻发病多的年份往往双晚大发生。松滋测定：黄矮病大发生的 1973 年、1974 年、1977 年和 1978 年杂草上每百平方米越冬黑尾叶蝉密度依次为 2700 头、4860 头、441 ~ 4140 头和 1714.5 头，越冬黑尾叶蝉带毒率依次为 2.56%、6.11%、3.75% 和 6.9%，早稻病株率依次为 0.5% 左右、0.52% ~ 6.64%、0.32% 和 0.1% ~ 4.5%，均显著高于轻病年。

（2）品种及生育期。品种间抗病性差异明显，据调查以农垦58 高度感病，而沪选 19 号、农红 73 等较抗病；同一品种不同生育期，感病性差异明显，苗期和分蘖初期最易感病，所以双晚以早播早插田发病严重；拔节以后基本不感病。

（3）气候条件。夏秋高温干旱，有利黑尾叶蝉发生传毒和该病流行。荆州站统计，大发生年6~8月份雨量分别比历年平均低35.3%、67.8%和55.6%；7~8月气温一般均高于常年。

（4）双季稻区绿肥面积的扩大，为黑尾叶蝉越冬创造有利生态环境，有利于黑尾叶蝉越冬，这也是70年代黄矮病上升的原因之一。

3. 测报办法

（1）调查内容和方法。

越冬黑尾叶蝉虫口密度调查及带毒率测定：

越冬虫口密度调查：冬前11月下旬至12月上旬秋收冬种结束后，选择风小、气温在15℃以上的天气进行，冬后在3月中下旬成虫始见期至迁飞前进行。选不同类型田各查2~3块，每田块在田埂、田边及田中各查5点，每点查0.1平方米，记载若虫数和成虫数，折算每平方米成、若虫数和越冬后虫口下降百分率。

黑尾叶蝉带毒率测定：冬后在成虫始见期至迁飞前（3月中下旬）进行。先在防虫条件下，选用当地主要感病品种，播种培育一批无毒健苗，待三叶期拔取，单苗移入玻璃管中，将从调查田随机采到的五龄若虫和成虫，每管单苗放入1头。管内注入少量清水，管口扎上纱布，待取食2天后，再移出管内秧苗。单株栽入防虫条件下的瓦钵土层中，并灌以浅水，保持稻苗正常生长条件。待病情稳定后，记载病株率，即为黑尾叶蝉自然带毒率。测定虫数应在100只以上。

稻田病情调查及冬后各代黑尾叶蝉虫口密度调查：

早稻本田病情及黑尾叶蝉虫口密度调查，在早稻孕穗期，选当地主要栽培品种5~10块，采用双行平行跳跃取样法，每块田病情调查 200 丛，虫口密度调查 25 丛，记载病丛数和病株数及黑尾叶蝉成、若虫数，另取 10 丛记载总稻株数，计算丛发病率、株发病率及每亩虫口密度。

双晚秧苗病情调查及黑尾叶蝉虫口密度调查，在秧苗移栽前 3~5 天选当地主要栽培品种秧苗 5~10 块，每块采用单对角取样 3 点，每点查 0.1~0.2 平方米，记载总苗数、病苗数和黑尾叶蝉成若虫数，计算病苗率及每亩虫口密度。

双晚本田病情调查及黑尾叶蝉密度调查，在双晚孕穗期进行，方法同早稻病情及虫口密度调查。

（2）预测方法。发生趋势预测方法：据松滋县调查，70 年代黄矮病在双晚上的流行指标。①越冬黑尾叶蝉带毒率在 3% 以上。②早稻本田病株率在 1% 左右，最高病株率在 4% 以上。③早播双晚秧苗病株率在 3% 左右。

达到以上三项指标是大流行的预兆，若双晚感病品种面积大，6 月中旬至 8 月上旬高温少雨，第二、三代黑尾叶蝉密度大，则预报双晚黄矮病将大流行。

水稻普通矮缩病

1. 发生和为害

水稻普通矮缩病分布在我国南方稻区。在 1967—1968 年在湖北省南部公安等县严重发生，至 70 年代虽发病面较广，一般为害不重。80 年代以来很难发现。

该病主要症状是病株矮缩僵硬，色泽浓绿，病株新叶沿叶脉呈现断续褪绿的黄白色短条，分蘖增多，一般不能抽穗结实。

该病病原是水稻普通矮缩病毒（RDV），传毒介体主要是黑尾叶蝉和二点黑尾叶蝉，大斑黑尾叶蝉和电光叶蝉亦可传病，病毒可经卵传至下代，黑尾叶蝉经卵传毒率为 32%~100%，获毒饲育最短时间为 1 分钟，循回期多数为 12～35 天。带毒虫能终生传毒。病害潜育期一般为 10～12 天。

2. 影响发病的因素

普矮病与黄矮病一样，均以苗期和返青分蘖期最易感病，早稻均发病轻，而晚稻发病显著重于早稻，双晚苗田早插稀播和本田早插发病严重。两病在品种间抗病性有明显差异，同一品种对两病抗性往往并不一致。

水稻条纹叶枯病

1. 发生和为害

水稻条纹叶枯病在全国各稻区均有分布，在 60 年代初我国江浙一带发生，特别是 1963 年发病较重，嘉定县一般田块发病株率 10%～20%，严重的田块 50% 左右，个别田块达 80% 以上；随着双三制（双季稻配种元麦大麦）面积不断扩大，病害的发生也随之越来越轻，自 1985 年起又重新恢复推广种植单季稻配小麦，病害又重新抬头，并有逐年加重的趋势。1989 年、1990 年连续大流行，1989 年未防的田块一般发病株率 20%～30%；1990 年未防治田块一般发病率 30% 左右，严重的田块 50%～60%，个别田块高达 84%。

水稻条纹叶枯病以秧苗 2～3 叶期最易感染，水稻分蘖期前感病后心叶卷曲枯死，拔节后感病穗部大多畸形，扭曲不实。林奇英（1990）报道同期播种分期接种试验结果，以水稻三叶期至五叶期和分蘖始期接种发病损失可达 79%～100%，分蘖盛期接种发病的减产 50%～70%，幼穗分化期、孕穗期和齐穗期接种的分别减产 40%～50%、10%～15% 和 1%～3%，乳熟期接种的产量不受影响。

该病病原为水稻条纹叶枯病毒（RSV），传毒介体为灰飞虱。

在平均气温 19.6℃的条件下，水稻条纹叶枯病毒在灰飞虱体内的循回期平均为 12.7 天（杨家鸾，1987）。金登迪（1985）报道，在平均气温 28.7℃时，灰飞虱对条纹叶枯病传毒的循回期平均为 8.3 天（4~23 天），最短吸毒时间为 30 分钟，获毒率均在 10% 以下。在水稻上最短传毒时间为 1 分钟，在小麦上传毒最短时间为 15 分钟。所有传毒虫均不能连续传毒，最多只能连续传毒 3 株。多数虫在饲毒后 25 天内传毒力较强。在平均气温 20.8℃下，病害的潜育期在小麦上多数为 19 天，在水稻上多数为 23 天，在平均气温 23.5℃时在水稻上的潜育期缩短为 9 天。此病毒在小麦、杂草及传毒介体内越冬后便成为早稻秧苗的初侵染源，可经卵传毒。

2. 影响发病的因素

江苏苏州市该病科研工协作组（1986）报道，单季稻条纹叶枯病程度与下列因素有关：①小麦面积大病害重。②品种抗病性。粳稻重于籼稻、晚粳重于中粳，常规稻重于杂交稻。③灰飞虱的带毒虫量多，病株率高。④氮多诱集虫害，加重发病。

黄拔山等（1991）报道嘉定县该病重新流行原因，一是栽培制度的改革，小麦单季晚连作有利于传毒介体灰飞虱的繁殖和传毒为害；二是免耕套播麦田面积的扩大，有利于传毒介体的安全转移取食和越冬，大大增加了灰飞虱的数量。

水稻瘤矮病

1. 发生和为害

水稻瘤矮病在国内分布在福建、广东两省，1976 年广东湛江地区开始零星发生，1980 年发生 4000 亩，1982 年发展到 50 万亩，1983 年基本控制；1991 年又抬头，广东茂名市早稻发生 7 万亩，双晚发生 21 万亩，一般病丛率为 10%，最高达 62.5%。

该病主要症状是病苗矮缩、叶片浓绿、分蘗减少，叶背及叶鞘上长有若干个淡黄色近圆形的小瘤（0.1～1.2毫米直径）。

该病病原为水稻瘤矮病毒（RGDV），病毒粒子球状，直径约60纳米，昆虫介体为电光叶蝉和黑尾叶蝉，电光叶蝉的最短获毒饲育期少于24小时，潜育期在平均室温22℃～23℃时为13～24天，保毒虫能终生传毒（范怀忠等，1983）。

张曙光等（1986）报道，该病主要为害晚稻，尤以杂交稻受害为重，目前未见免疫或高抗品种，早稻一般受害较轻，仅零星发病，但成为晚季稻的主要侵染源。晚稻播后4～5天，即受侵染，特别是早稻收割时，介体叶蝉被迫大量迁移，秧田的虫数剧增，秧苗感染率也剧增，愈近早稻病田的秧苗感病率愈高，早播早插比迟播迟插发病重。秧苗在六叶龄前最易感染发病，苗龄愈小，受害愈重，九叶龄后感染的稻苗不发病，所以大田的发病率就是秧苗的感染率。

广东省测报站（1992）报道，水稻瘤矮病有四个特点：①为害重。病株分蘖减少四成左右，结实率降低25.7%，千粒重减轻19.3%，一般丛发病率20%～30%，稻田减产稻谷100千克，严重的减产250～300千克。②扩散蔓延快。1976年仅2个公社零星发生，1980年3个县4000多亩发生，1980年扩展到50万亩发生，1983年后基本得到控制，但1991年仅晚稻6个县发生22.19万亩。③杂交稻发病重于常规稻，晚稻重于早稻。④毒源越冬寄主多。除再生稻落粒苗外，还有小麦、燕麦、看麦娘和野生稻等，都能保毒越冬。

2. 影响发病的因素

1991年广东发病重的原因：①毒源多。早稻发生7万亩，为晚稻发病提供了大量毒源。②早稻和晚稻田介体昆虫叶蝉发生较重：晚稻秧田电光叶蝉40头/平方米，黑尾叶蝉160～180头/平方米。③长期高温干旱有利于叶蝉传病。④寄主条件好。晚稻汕优等杂交稻占 70%。

水稻齿叶矮缩病

水稻齿叶矮缩病在国内分布在福建、台湾、广东、江西、湖南和浙江等省。1984 年在湘潭市农科所 14 个杂交组合平均病株 6.9%，在大面积生产中最高病株 93.4%（何愚，1984）。

水稻齿叶矮缩病发病稻株矮缩，叶色浓绿，病叶边缘产生不规则的缺刻，叶尖扭卷呈螺旋状或棍棒状，叶鞘和叶片基部的叶脉组织增生而成脉肿，病株出现高节位分支，感病早的植株大多不抽穗，即使抽穗也是秕谷。

该病病原是水稻齿叶矮缩病毒（RRSV）。金登迪（1987）报道，在日均温 26.3℃时，RRSV 在传毒介体昆虫褐飞虱体内的循回期平均为 8.3 天，最短 5 天，最长 18 天。介体传毒的持续期和间歇期分别为 23 天和 32 天。吸毒时间最短为 1 分钟，饲毒 48 小时的获毒率高达 62.3%。最短传毒时间为 30 分钟，传毒 24 小时的传毒率达 40.4%。当日平均气温在 29.8℃时病害潜育期平均为 22.61 天（12～28 天），其中潜育期为 17～27 天的占 51.9%。

水稻黑条矮缩病

水稻黑条矮缩病分布在江西、浙江、上海、江苏、安徽等省市，1963 年在浙江、上海、江苏发现，1965 年、1967 年发生较重。

水稻黑条矮缩病发病株明显矮缩、浓绿及叶脉上出现蜡白色短条状突起，后变黑褐色。

该病病原为水稻黑条矮缩病毒（RBSDV）。阮义理（1984）报道，已知有灰飞虱和白背飞虱能传此病毒，灰飞虱吸毒最低温度为 8℃，病毒在虫体内循回期 8～35 天，传毒介体可终生传毒，但不经卵传毒，病毒可在灰飞虱体内，也可在寄主植物体内越冬，田间病毒主要通过麦—早稻—晚稻的途径完成侵染循环。感病植株病毒在其体内的潜育期与温度、寄主种类及生育期有关，一般为 10 ~ 14 天，早插田、前期生长嫩绿田发病快、发病重和发病率高。

水稻草状矮缩病

草状矮缩病在国内仅在福建、台湾发现。该病主要症状是植株矮缩，分蘖增多，叶片淡绿或淡黄色，叶片上生有无数大小不一的锈斑，病株不抽穗，就是抽穗也不能结实。

据菲律宾国际水稻研究所研究，褐飞虱对草状矮缩病病毒的获毒率为30%，循回期约7天，潜育期约13天，饲毒15分钟不能传毒，饲毒 12、24、48 小时，其传毒率分别为 26.1%、28.7%、31.1%。带毒虫可终生传毒，一般为持续传毒，持续传毒天数可达30 天，单株上毒虫头数与发病率呈正相关，每苗接虫 1、2、3、6、12 头，发病率分别为27.5%、44.7%、59.2%、60.5%、79.1%。

水稻东格鲁病

水稻东格鲁病分布在福建、广东、江西、湖南等省。

该病病株矮缩，叶变橙黄色，幼叶有斑驳，老叶有锈斑，分蘖减少不显著。叶片发病自叶尖向下变色，中等感病品种上常有"恢复"情况，"S"系产生脉间褪绿成黄色条斑，"M"系都是斑驳症状，多氮肥及荫蔽条件下可隐症。

该病病原为水稻东格鲁病毒（RTV），传毒介体为黑尾叶蝉、二点黑尾叶蝉、电光叶蝉和大斑黑尾叶蝉。昆虫带毒后无循回期（如有也不到 2 小时），昆虫获毒非持久性，只可保毒 5 天，蜕皮后即失去传毒能力，水稻感病后潜育期 6 ~ 9 天即表现症状。寄主除水稻外，还有牛筋草、稗、光头稗（后两种无症带毒）。

水稻簇矮病

簇矮病分布在福建、广东、江西及湖南等省。

该病病株叶片无虚线状条点，常节上生枝，簇生小叶，传毒介体有黑尾叶蝉及二点黑尾叶蝉。

病原为水稻簇矮病毒（RBSV）。介体获毒时间一般为 24 小时，循回期 8 ~ 25 天，一般为 11 天。病毒在虫体内能终生传毒，不能经卵传递。病害潜育期为 6 ~ 28 天，一般为 11 ~ 14 天。

水稻黄萎病

水稻黄萎病分布在我国南方稻区，1967—1968 年在浙江省局部严重发生。

陈光埆等（1987）报道，晚稻"农垦 58"得病后，病株萎缩黄化，叶片狭小柔软，分蘖增多，且呈淡黄色或淡绿色，病株多不能抽穗；根系老朽，呈褐色或深褐色。籼稻型黄化程度较浅，粳糯型高节位分支较多。

该病病原是由水稻黄萎病类菌质体（RYDMLO）引起，传毒媒介是黑尾叶蝉、大斑黑尾叶蝉及二点黑尾叶蝉、黑尾叶蝉，循回期平均为 19 天，获得病原时间最短 1 小时以内，绝大多数为 1 天，喂饲 1 天绝大多数虫子能传病，传病能力多数在 90% 以上。大多数在羽化后当天到羽化后第 2 天传病，本病原不能经卵传递，带病原虫率 90% 以上。看麦娘亦是本病寄主。病害潜育期与气温密切相关，与水稻生育期也有关系。一般潜育期为 25 ~ 30 天。该病原主要是在黑尾叶蝉体内越冬，第一、二代黑尾叶蝉不带病原，第三代从早稻病株上获得病原，第四代在田间不能起再侵染作用。越冬代若虫从晚稻病株上获得病原。

水稻橙叶病

水稻橙叶病分布在福建、广东、江西、广西及云南。

该病病株叶变深橙黄色至金黄色或黄褐色，自叶尖向下发展，多少成为橙色条斑，有时在叶一侧，病叶叶尖纵卷，常易早期枯死。矮缩程度不明显，分蘖受阻抑，田间零星发生。

据 Yasuo Saito 等（1986）报道，该病病原为水稻橙叶病类菌质体，粒体球状，传毒介体电光叶蝉，循回期 2~6 天，带毒持久，不经卵传递，潜育期 13~15 天。

（二）水稻病虫发生趋势展望

水稻病虫发生趋势的超长期预测，主要是以稻田生态系统的变化趋势为依据，而稻田生态系统的变化趋势，又与我国的国情、有关粮食生产的宏观政策、市场对农副产品消费需求趋势、种植科学技术的发展状况、农业生产资料的供求状况等因素密切联系。所以，在进行水稻病虫发病趋势的超长期预测时，必须对上述主要影响因素有一个较客观的分析和估计，只有建立在这一基础上的预测，才有较大的可靠性。

1. 我国农业发展的基本动向

（1）中国的国情对农业的基本要求。我国是一个人口众多，土地资源少的农业大国，需要在占世界 7% 的土地上，解决占世界人口 22% 的人的衣食问题，而且耕地面积不断减少，人口不断增加，同时还要在相当长的时期内，靠个体劳动的组织形式，从事着农业生产活动，特别是粮食生产。单位产量的成本高于国际均价的现状，在短期内不会得到根本性的改变，大量地进口农业副产品是既不可取又不可能的对策，因此，进行保护性的农业生产，特别是保护性的粮食生产，保证有效供给是发展我国农业和农村经济的一项战略任务，发展"高产优质高效"农业是我国农业发展的方向。随着粮食作物种植面积的缩减，单位面积产量必须有较大幅度的提高，否则就不能保证农副产品在国内市场上的供求平衡，因此，农业生产特别是粮食生长的难度越来越大，任务越来越艰巨，它将期待着农业科技的飞速发展和推广应用。

（2）种植业结构调整的动向。由于上述国情的要求，我国种植业将有一个较大的调整，而且还会根据需求的变化，不断地作新的调整。其主要调整动向如下：①粮食作物种植面积，特别是水稻种植面积将有所下降，主要用于发展高蛋白的饲料和高效益的经济作物。②稻田耕作制度将由单一化向多样化调整，水旱轮作、水稻与经济作物轮作换茬的耕作制度将有所扩大，双季稻连作的面积有较大幅度的减少。③水稻等农作物品种质和量特性将由单纯重视产量向既重视产量又重视质量的方向转变，变化的速度决定人们的消费水平，可以预料，高产优质，特高产、中产特优质等类型的品种种植面积将有大幅度的增加，作物品种的多样化是必然的发展趋势。

2. 稻田生态系统变化的趋势

由于国情对农业生产的高要求和种植业结构的调整，必然在一定程度上引起稻田生态系统的变化，这种变化将会给水稻病虫的发生为害带来较大的影响。下面对稻田生态系统的变化趋势及其对病虫害发生的影响，做粗略的分析和估计。

（1）水稻种植面积的缩减所带来的影响。水稻种植面积的缩减主要带来以下几方面的变化：第一是水稻将向水利条件较好、旱涝保收的稻田集中，有利于水稻单产和总产的提高；第二，除进一步提高产品质量外，追求高产仍是现在的首要目标，肥料投入的增加是夺取高产必不可少的手段之一；第三，栽培管理技术，特别是高产技术会得到进一步的推广应用。

上述影响集中到一点，即水稻苗情将会有较大的升级，苗情的升级势必为病虫害发生为害提供有利的营养条件。

（2）稻田耕作制度的多样化所带来的影响。稻田耕作制度的多样化，主要表现为两个大的倾向，一是水旱轮作面积的扩大，二是复种指数的提高。从病虫发生的角度看，耕作制度的多样化有利于保护害虫天敌，提高自然天敌的控害能力；水旱轮作面积的扩大，有利于改良土壤结构，提高水稻的抗耐病虫能力；复种指数的增加，则有利于病虫的延续和蔓延。

（3）当家品种的多样化和优质化所带来的影响。水稻品种多样化和优质化，对病虫的影响有有利和不利两方面的影响。品种多样化，会使流行性病害的大暴发受到一定的抑制，虫害的发生面积将有所控制，但品种间发生程度的差异将会进一步扩大，出现重者更重、轻者更轻的状态。优质品种面积的扩大，品种种质所形成的感病性程度，将会有不同程度的增加，促使某些病害加重。由于市场需要的变化，品种的更换较为频繁，一些病原菌菌系的变化将会加快，抗病虫品种的培育和选用难度要大，植物检查工作更难，危险性的病虫和杂草传播和扩散速度加快，主要病虫的种类将会有所增加。

3. 水稻主要病虫发生趋势的展望

（1）水稻纹枯病。由于尚无抗病品种、肥料投入有较大幅度的增加，预测早、中稻仍维持偏重至大发的水平，而水旱轮作田块主要是双季晚稻的发病程度将有所下降。

（2）水稻白叶枯病。随着混栽程度的扩大，施肥量的增加，一些优质而不抗病品种种植面积的扩大，水田稻草还田、旱地稻草覆盖技术的推广和应用，极有利于白叶枯病的传播和流行，预计白叶枯病发病面积将有所扩大，发生较重的江汉平原仍维持 80 年代的水平，但其他稻区将有所加重。

（3）稻瘟病。由于与白叶枯病同样的原因，除三大病区的发病程度略有上升，其他轻发生的稻区无论是发生面积或者发生为害程度，均会出现明显上升趋势。

（4）水稻后期综合征。水稻后期综合征，在80、90年代随着杂交稻的推广而加重，现在杂交稻仍是一种夺取高产的技术措施，随着氮肥施用量的进一步增加，预计仍将呈上升趋势，其为害程度会显著加重，发展成水稻的主要病害之一。

（5）水稻螟虫。水稻螟虫的发生趋势，预测不会有大的变化，二化螟在单季中稻集中产区仍为偏重至大发生水平，在双季稻和混栽稻区，有加重的趋势；三化螟前几年处于低谷阶段，但预计近期内将呈回升趋势，特别是会随着混栽程度的增加而显著加重，同时由于不同品种抽穗时间差异的扩大，田块间发生为害程度的差异会进一步增加。

（6）稻纵卷叶螟。由于稻田生态系统的改变，对稻纵卷叶螟的发生没有大的影响，南部稻区仍将是间歇性的偏重至大发生，北部单季稻区将会有所加重。

（7）稻飞虱。稻田生态系统的变化，对稻飞虱的发生较为有利，虽高效长效农药扑虱灵等的推广，会使南方稻区的虫口密度的增长，受到一定的控制，从而影响迁入湖北省的虫量，预计两种飞虱仍呈周期性偏重至大发生，其中的白背飞虱种群数量还将上升。

（8）其他病虫。

水稻细菌性条斑病：近年来，湖北省少数县市的个别田块开始见病，虽经采取一定的扑灭措施，但由于铲除难度大，加之种子的多渠道运营，难免继续传入和进一步扩散蔓延，预测将会继续扩散，多点零星发病，局部造成为害，必须引起足够的重视。

稻绿蝽：稻绿蝽是一种多食性害虫，随着混栽程度的扩大，耕作制度和品种的多样化，极有利于该虫的发生和种群的繁衍，预计发生面积将进一步扩大，局部稻区将出现间歇性中等至偏重发生水平。

稻蝗：随着有机氯的停用，退田还湖、退地还林面积有所增加，导致局部地方稻蝗种群数量的回升，现在的农田生态条件，较有利于稻蝗等多食性害虫的繁衍和为害，预计在林粮间作和滨湖地区，稻蝗在水稻上的发生为害将有所加重。

此外，小球菌核病、稻曲病、稻象甲、稻秆蝇等病虫，亦呈上升趋势，特别是鄂西南山区稻曲病和稻秆蝇，将比过去更为突出。

三 水稻病虫的综合防治

水稻病虫的综合防治，一直作为国家的重点攻关课题之一，经过全国大专院校、科研机构和农业植保部门科技人员的协作攻关，使水稻病虫综合防治策略和技术，得到不断深化、简化和规范化，使我国水稻病虫综合防治技术和实践处于国际领先地位。

（一）水稻病虫综合防治进展与深化

自 20 世纪 80 年代以来，我国水稻病虫综合防治，无论是理论还是实践上，都取得了引人瞩目的成就，使水稻病虫防治开始摆脱单纯依靠化学防治的倾向，开创了综合防治的新局面。

1. 水稻病虫综合防治的进展

我国水稻病虫综合防治，在预防为主、综合防治的植保方针指引下，在各个方面都取得较大的进展。

（1）对综合防治认识上的进展。科学的实践来源于科学的指导思想，近些年来，对综合防治的思想认识上，树立了"三大观点、一项原则"的综防指导思想。即：从农田生态系统的整体出发，创造一个有利于水稻等农作物健康生长和天敌的生存繁殖，不利于病虫的发生和为害的农田生态环境，综合治理有害生物的生态学观点；病虫防治目标是将病虫为害损失控制在经济允许水平以下的经济观点；把病虫防治所产生的副作用控制到最低限度的环境保护学观点；各项综防配套措施必须遵循互补或相互协调的原则。

（2）在综合防治策略上的进展

近些年来各地综合防治策略上的提法虽有所不同，但在指导思想上具有以下共同特点：①均把农业防治作为综合防治的基础，特别重视抗性品种和科学栽培技术的重要作用；②强调高产栽培和综合防治技术的协调统一，药剂防治和保护天敌的协调统一；③注重经济、生态和社会三大效益的统一。

（3）防治指标研究上的进展。80 年代以来，各地加强了水稻主要病虫为害损失和防治指标的研究，对病虫的为害和水稻的补偿能力有了新的认识，获得了一批有价值的成果。各省市在此研究的基础上，曾两度放宽了化防指标，为科学用药提供了重要依据。此外，在病虫复合损失和防治指标的研究上，也取得了新进展，估计不久将会在生产实践中加以应用。

（4）在综合防治技术上的进展。水稻病虫综合防治配套技术上的进展，主要表现在以下方面：①鉴定筛选了一大批抗源材料，并培育了一批抗病虫的新品种，有一部分还是高产优质多抗品种；②各大稻区都制订了一套高产健身栽培管理技术的规范，使健身栽培技术步入量化管理阶段；③通过天敌资源调查和研究，初步掌握了天敌的优势种群及其消长规律，为害虫天敌的保护利用提供了依据和方法；④在农药研制上，已开始向高效低毒低残留迈进，有不少的新品种、新剂型在生产实践中得到应用。随着农药生态研究的深入，在施药策略和技术上都得到较大的提高。

（5）在综合防治体系上的进展。80 年代以来，各省市都相继建立了水稻病虫综合防治试验示范区，并在试验示范的基础上，组建了各大稻区的综合防治体系，使水稻病虫综合的防治由定性管理转入定量管理，由经验管理转向模式管理，从而使水稻病虫综合防治的总体水平得到较大的提高。

2. 水稻病虫综合防治尚待深化的问题

我国水稻病虫的综合防治，虽然有较大的进展，但必须充分认识我国的国情和病虫综合防治的艰巨性，要广泛有效地控制病虫为害是一件相当困难的任务，这些任务的圆满解决，还待进一步深入的研究，特别是综合防治基础理论方面的研究，适合中国农业特点的防治体系的研究等。

（1）要加强"三高"农业病虫发生动向与防治对策的研究。随着"三高农业"的发展和实施，将对病虫害的发生为害产生巨大影响，某些病虫发生为害进一步严重化的趋势不容忽视，必须及时掌握病虫在"三多农业"条件下的发生为害规律，研究新的有效防治对策，为"三高农业"保驾护航。

（2）要加强综合防治效益评价方法的研究。农作物病虫综合防治不断发展进步，但因尚无一种科学系统的评价方法，使有关综合防治的研究受到较大的限制。没有系统规律的模拟分析方法，综合防治的正负效应、互补效应、综合整体效应、长期效应都无法从定量的水平上加以评估，所以也无法科学地评价各综防体系或各项配套技术的真正价值。只有建立一个科学的评估系统，才能推动综合防治技术的深层次的研究和体系上的宏观研究。

（3）加强农药生态和抗性对策的研究。在过去的综合防治技术研究中，在化学农药的使用技术上做了大量的工作，为合理使用农药提供了依据，但随着病虫抗药性迅猛发展，绿色食品的盛行，对化学防治的要求越来越严。日趋严重抗药性问题，实质上也就是农药生态学问题，因此，加强农药生态的研究，也就是加强农药使用技术和抗性对策的研究。不解决抗性问题，病虫的综合防治目标就无法实现，农药生态研究在我国是一个最薄弱的环节，但其深远意义和应用前景不容忽视。

（4）加强综合防治专家系统的研究。在系统控制科学高度发展的今天，系统控制已在各个领域得到广泛的开发和应用，在农作物病虫综合防治上，现在仍处于经济管理模式阶段，其工作量之大，对管理人员技术素质要求之高，是现行条件难以解决的难题之一，若能以老专家几十年的丰富经验为基础，加强系统控制理论在综合防治中的研究开发工作，将对农作物病虫综合防治理论和实践的完善和提高，具有重大意义。

（二）各种防治方法在综合防治中的地位和合理应用

20 世纪 80 年代以来，我国水稻病虫综合防治的各个领域都取得了较大的进展，对控制水稻病虫的为害发挥了重要作用，但从发展"三高农业"的要求看，现有的水稻病虫综合防治技术，仍难将病虫为害损失控制在经济允许水平以下。其原因除技术上的局限性之外，还有基层指导者对各种方法意义的理解和灵活合理的运用问题。为了充分发挥各主要方法在综合防治中应有的作用，本节将从病虫生态治理的角度，对主要防治方法的地位和合理运用问题，作扼要的阐述。

1. 抗性品种的利用

抗病虫品种在农作物病虫防治中起着极为重要的作用。历史的事实证明，品种抗病与否，直接左右着许多病虫的兴衰和演替，所以无论哪一个国家，都把抗病虫农作物品种的选育和推广，摆在病虫综合防治的首要地位。推广抗病虫品种，具有投入少、效益大，不破坏生态环境，最为简便易行的优点，所以最容易被农民采纳。但也必须认识到抗病虫品种并不是一劳永逸的方法，利用不当常造成抗性较早丧失，在抗性品种的利用中，必须注意以下几点：

（1）坚持做好当地水稻主要病害病菌生理小种（或菌系）的监测工作，及时掌握优势生理小种变化。方法是：①多点种植鉴别品种；②建立当家品种更换档案，以便运用外地资料预测当地优势生理小种的变化。

（2）设立品种抗性监测点，担负当家品种抗病虫性调查和引进筛选后备抗病虫品种，及时提出当家品种更换的建议。

（3）在推广抗性品种时，尽量同时推广 2～3 个抗性品种搭配，以延缓品种抗性的丧失，延长抗性品种的可利用年限。

（4）合理利用不同类型的抗性品种。由于不同类型抗性品种，其抗性水平、稳定性和产量都有一定的差异，所以在推广时应合理布局，重病区宜推广具垂直抗性（抗性水平高、稳定性差）的品种，非重病区最好选用具水平抗性（抗性水平较低、稳定性好）的品种，主发病虫种类多的地区宜选用多抗性品种，这样才能取得最大的整体效益。

2. 保健栽培技术的利用

所谓保健栽培，是利用各种栽培管理技术，创造有利于农作物健康生长和害虫天敌的生存繁衍而不利于病虫发生的农田生态条件，以防止、避开或减轻病虫的发生和为害的一种栽培管理体系。保健栽培在抑制当地病虫发生为害的总体水平上有着非常重要的作用，特别是在病虫中等或以下发生年份，可以大幅度地减少施药面积和次数，从而降低防治投资，保护了自然天敌，减少环境污染。正由于它具有以上优点，在农作物病虫综合防治中，均把保健栽培技术作为综合防治的基础，充分发挥其对病虫的预防作用。当然各项措施对各主要病虫所起的具体作用不尽相同，为了因地制宜地合理运用这项技术，现对其主要栽培管理技术对病虫的影响加以具体介绍。

（1）稻田耕作制度对病虫的影响。稻田耕作制度决定着作物布局，影响着各病虫在适合发生期中，有无适合为害的对象田和多次繁衍条件，若在各适发期均有理想的对象田，则有利于病虫发生

为害，反之则对病虫的发生起抑制作用。这方面在第一章中已作了
具体分析，在此不再重复。不过应强调的是，在过去的病虫防治
中，没有有意识地把调整耕作制度作为一种有效的防治手段加以利
用。鉴于这种状况，建议各级农技部门，主动地探索新的耕作制度
对病虫发生的影响，以便在此基础上合理调整耕作制度或采取必要
的对策。

（2）不同生育期品种搭配和播插期病虫的影响。水稻不同生
育期品种搭配和播插期调整，对病虫害的影响，主要表现在病虫发
生为害高峰期与适合发生为害的生育期是否吻合上，若搭配合理或
播插期安排合理，就可以避开某些主要病虫的为害。如鄂东南推广
晚杂，使熟期比粳稻提前15天左右，从而避开了四代三化螟和穗
瘟的为害，减轻了五化褐飞虱的发生和为害；将中稻早播培育再生
稻，避开了三代三化螟的为害，但加重了纹枯病和三代白背飞虱的
发生为害，若不加强防治，多雨年份将造成严重减产。在具体运用
中，各地要因地制宜，全面权衡得失，采取相应补救措施。

（3）不同育秧方式对病虫的影响。近年来，各地应用了保温
育秧、稀播壮秧、两段育秧、旱地育秧等技术，对水稻病虫害的发
生产生了较大的影响。如保温育秧，有效地防止了烂种烂秧，但有
利苗瘟和叶瘟的发生，加重了早稻穗瘟的流行；稀播和两段育秧，
改善秧田通风透光条件，促进秧苗早发稳长，提高了秧苗抗耐病虫
的能力，从而减轻了某些病虫的为害，旱地育秧虽加重了立枯病的
发生为害，但也增加了秧苗抗逆性。

（4）管水技术对病虫的影响。在水稻生育的过程中，各生育
阶段对水的需求有一定的要求，一般来讲，除孕穗抽穗期耗水量
大，应保持一定的水层外，其他阶段只要稻田有一层薄水，就能满
足其需求，若干干湿湿则有利于增加根系的活性，提高同化作用的
功能。从病虫防治的角度看，干干湿湿则有恶化病虫发生环境，提

高稻株抗耐病虫能力的作用。据报道,秧苗淹水后,呼吸基质被抑制,蛋白质被分解成氨基酸和可溶性氮,从而促进了病菌的繁殖和为害。本田期的深灌水,也会导致淀粉含量的下降,游离氨基酸和含水量的增加,从而有降低稻株对病虫的抗性,诱发病虫加重发生的作用。可以说,浅灌勤灌、适时晒田,是水稻高产和防治病虫的共同需要。

(5)肥料施用技术对病虫的影响。肥料对病虫的影响,一般比水的影响更大更普遍。据陈彩校(1983)实验,增施氮肥则增加稻株内氨基酸的含量,减少淀粉含量。伍尚忠等研究指出,多施氮肥,水稻各生育期体内的天门冬氨酸、谷氨酸、天门酰胺、谷酰胺等含量增多,接种白叶枯病菌,不仅易发病,而且病斑大、扩展快。江苏农科院1982—1984年试验指出,稻纵卷叶螟第一代主峰期为害指数,20千克纯氮区,比10、5、0区,分别增加 0.6~0.7 倍、2.7~4.8 倍、12.3 倍。湖北省农科院(1980)试验,氮、磷、钾(9:2.5:4.5)区,比不施磷、钾区,褐飞虱虫口密度下降 32.9%~49.0%。咸宁地区植保站(1982)试验,亩施尿素 15 千克、过磷酸钙 20 千克、氯化钾 10 千克区,比不施磷钾区,纹枯病病指下降 39.7%,增产 10.2%;配施磷钾肥并湿润管理区,比不配磷钾长期深灌区,纹枯病病指下降 64.3%,增产 29.1%。此外,氮肥追施过迟或过量,明显加重多种病虫的发生为害,已是众所周知的事实。事实证明,肥料对病虫发生为害轻重有极大的影响,科学用肥无疑是综合防治必不可少的基本措施。

3. 化学农药的合理使用

(1)化学农药的作用与问题。自 20 世纪 40 年代有机氯农药问世以来,农药工业得到了迅速发展,由于化学农药具有方法简便、见效快、效果好的优点,化学防治很快便成为扑灭病虫灾害的主要手段。湖北省仅水稻病虫的化学防治,常年挽回稻谷损失 8

亿~10亿公斤,减少经济损失4亿~5亿元。在未来的综合防治中,化学防治仍将是必不可少的重要手段。但另一方面,由于长期大量喷洒化学农药,已先后在许多国家和地区发现了严重的恶果。主要表现为两大严重问题:一是导致害虫再猖獗和病虫抗药性的迅速发展,化学防治的经济效益不断下降;二是农药残毒问题较为突出,不仅破坏了自然生态环境,更严重的是给人类的健康造成严重威胁。出现上述问题的原因,除农药品种和剂型的原因外,长期大量滥用化学农药,也是其主要原因之一。

(2)合理使用化学农药的途径和方法。要做到合理使用化学农药,提高化防经济效益,减少有害作用的产生。必须在有效控制病虫为害的前提下,尽量减少化学农药用量,其中包括减少亩次用量,减少施药面积,减少施药次数。解决的途径包括宏观控制和微观控制两个方面。宏观控制即开展综合防治;微观控制即围绕综防战略,实行科学用药。所谓科学用药,即从作物全过程病虫整体防治的角度,构思最佳化学防治决策,从中获得最佳的整体效应。下面就上述问题阐述几个重要观点:

(1)不断提高防治策略。过去常把化学防治作为直接扑灭病虫为害的手段,其实通过种苗处理、病源田及害虫"桥梁田"或集中为害田的重点防治,达到治苗田保大田,治小面积保大面积,防患于未然的战略地位更为经济有效。例如恶苗病、稻瘟病的种子处理,稻瘟病、白叶枯病秧苗期和大田初见发病中心时的病田防治,中稻上二化螟狠治第一代控制第二代,褐飞虱大发年狠治第三代控制第四代等,都是被实践证明了的成功经验,可以在有效地控制病虫的发生前提下,减少施药面积和次数。

(2)坚持按防治标准施药。化学防治作为直接的控害手段,必须按防治指标用药,切不可为了保险而随意扩大防治面积和增加施药次数。随意扩大施药面积和增加施药次数,是目前一个普遍存在的问题，只是程度不同而已。

（3）合理确定防治时期。防治适期的确定，应根据害虫的习性、病害流行规律、水稻受害损失规律、有无可兼治对象和药剂性能等因素，进行综合比较分析，合理确定最佳时期和最适合的药剂品种，常常可以使需用两次农药的田块一次施药即解决问题。如鄂东南稻区，第二代稻纵卷叶螟和第三代白背飞虱常同期发生，最佳防治适期仅相隔 4~5 天，若选用叶胺磷，调整防治适期，则只需防治一次。

（4）注意选用高效低毒低残留的选择性农药，做到控害保益两不误。前面提到，施用化学农药是造成自然天敌大量死亡的原因之一，在综合防治中，选用选择性农药是协调生防和化防矛盾的主要方法之一。因此，在选用农药时，既要考虑对主治对象的防治效果，又要尽量减少对自然天敌的杀伤力，以便维持较大的自然天敌量，控制害虫的再猖獗。

（5）合理混配混用农药。在防治病虫的过程中，将两种或以上作用机制不同的农药轮换使用，或者采取将具负交互抗性的药剂品种复配使用、菌药混用、加增效剂等方法，既可以提高防治效果，又能减缓病虫抗药性的产生和发展，在这方面国内外均有许多成功的例子，近年来，复配剂、高渗剂的迅速发展，就是这一方法的具体运用。

（6）病虫抗药性的治理对策。病虫抗药性问题，是病虫防治所面临的重大难题之一，抗药性的产生和发展，给农业生产和人类生存带来严重后果，必须引起高度重视。自 Melander（1908）首次发现美国梨园蚧对石流合剂产生抗药性以来，世界上已发现 500 多种病虫对某种药剂产生了抗药性（Sato，1988）。在我国，70 年代亦有三化螟、黑尾叶蝉发生了抗药性的报道。

抗药性的治理，主要是采取两大对策：一是建立抗性系统监测网，掌握抗性产生和发展的动向，为采取具体对策提供可靠依据；二是加强病虫测报和病虫综合治理，注意科学使用农药、尽量减少施药面积和施药次数。

4. 生物防治

（1）生物防治的意义及重点。由于生物防治具有投资省，防治效果随着推广面积的扩大，应用时间的延长而不断提高，促进生态环境的良性循环，改善人类生存环境等优点，所以在病虫防治中，越来越为人们所重视。在世界上，自然天敌的引进、害虫病原物或病菌抗生菌的筛选和生产，均有许多应用成功的例子。在我国的农作物害虫防治中，以保护害虫自然天敌为重点的生物防治工作，更引人注目，已成为综合防治的一个重要组成部分。只有认识了解自然天敌，才能保护自然天敌，所以必须加强这方面的研究。

（2）稻虫天敌的优势种群及对主要害虫的控制作用。据统计，我国取食水稻的害虫有346种，而造成一定为害需作为防治对象的仅有十余种，绝大多数种类其所以不能造成经济允许水平以上的损失，有人认为自然天敌的控害作用就是重要原因之一。据湖南农科院统计，在湖南稻田中，已定名的天敌昆虫有341种，稻田蜘蛛有119种，寄生性昆虫病原物70余种，合计达530余种。全国各大稻区的调查结果表明，上述天敌种类中，只有少数起主导作用的优势种群，属于寄生性天敌的有：稻螟赤眼蜂、螟黄赤眼蜂、褐腰赤眼蜂、松毛虫赤眼蜂、稻螟等腹黑卵蜂、长腹黑卵蜂、稻虱缨小蜂、稻纵卷叶螟绒茧蜂、螟蛉绒茧蜂、广黑点瘤姬蜂等；属于捕食性天敌有：介子宽蝇蟥、黑肩绿盲蝽、拟环纹狼蛛、拟水狼蛛、草间小黑蛛、八斑球腹蛛、青翅蚁型隐翅虫等；属于寄生性病原物的有：苏云金杆菌、白僵菌等。上述优势种群，对水稻害虫的发生，起着重要的控制作用。

①天敌对稻纵卷叶螟的控制作用。据陈常铭等报道，湖南省稻

纵卷叶螟的寄生性天敌有 48 种。庞雄飞等通过对稻纵卷叶螟种群数量发展趋势的控制指数分析认为，天敌对稻纵卷叶螟种群数量的发展，起着重要的控制作用，对第二代稻纵卷叶螟种群数量发展趋势的控制指数为 754.26 倍，其中捕食性天敌为 170.21 倍，寄生性天敌为 4 倍，寄生性病原微生物为 1.11 倍。也即是说，在没有天敌控制因素存在的情况下，稻纵卷叶螟种群数量发展趋势指数将由 0.0277 倍增加至 20.89 倍。

②天敌对稻飞虱的控制作用。据报道，稻飞虱的寄生性昆虫天敌有 18 种，捕食性天敌有 130 多种，它们对褐飞虱种群数量的消长起着重要的控制作用。据观察，黑肩绿盲蝽单日最大捕食卵量，成虫为 36.46 粒，一龄若虫为 10.17 粒，全世代的捕食量达 200 粒左右；稻虱红螯蜂每头雌成虫平均寄生白背飞虱若虫 53.1 头，平均捕食若虫 28.9 头；拟环纹狼蛛无卵囊雌成蛛，平均日捕食五龄褐飞虱若虫 26.7 头，雄成蛛为 23.8 头。湖南湘阴县 1977—1980 年的笼罩试验表明，在益害比 1：10 的情况下，草间小黑蛛，第六天飞虱虫口下降 78.5%；八斑球腹蛛，第六天飞虱虫口下降 77.9%。在益害比 1：20 的情况下，拟环纹狼蛛，第六天飞虱虫口下降 88.9%；棕苞管巢蛛，第六天飞虱虫口下降 88.3%。广东阳江县 1976—1977 年、1987 年观察，捕食性天敌对褐飞虱的控制指数为 2.039 ~ 38.778 倍，寄生性天敌为 1.135 ~ 2.562 倍，两项合计为 5.003 ~ 83.57 倍，总控制指数随着综防年限的增加而提高。

③天敌对三化螟的控制作用。据广西农科院调查，三化螟在广西的天敌昆虫有 30 余种，加上其他非昆虫天敌，有 150 余种。何俊华（1986）报道，海南省崖县曾发现螟卵啮小蜂的卵粒寄生率达 11.26% ~ 99.86%，咸宁地区植保站（1980）调查，第二代三化螟卵粒寄生率平均为 52.64%，三代为 24.67% ~ 36.57%，四代为 14.30% ~ 33.13%，稻螟赤眼蜂占 80% 以上。此结果还表明，

随着用药面积的扩大，施药次数的增加，寄生率逐代下降。湖北省植保总站（1982）从被寄生的三化螟虫体上分离出的 Bt 菌株，对三化螟等水稻害虫有良好的防治效果，现已大量生产和应用。

（3）影响天敌消长的因素和保护利用方法。稻田天敌种群数量的消长，常受许多因素的制约，其中有部分因素是可以人为调控的，如食料、栖息环境、农事活动、农药等，在一定程度上可通过人为的调节，创造较为有利于天敌生存繁殖的稻田生态环境，以保持较高的天敌种群数量。据通城县植保站等单位 1979—1984 年的调查，春、夏两季大翻耕，捕食性天敌因无栖息场所而减退 85.0% ~ 92.5%。亩施用 50% 甲胺磷 25ml，稻田蜘蛛减退 60.4% ~ 88.9%。亩施用 2% 甲六混合粉 1.5 千克，蜘蛛减退率为 60.1% ~ 70.1%。春耕期间不铲草皮比铲草皮的田埂，捕食性天敌数量多 5.1 ~ 8.3 倍。种黄豆、堆草把或留草皮比铲草皮的田埂，捕食性天敌多 1.9 ~ 4.8 倍。据广西贵县 1975 年的调查，亩施甲六混合粉 1 ~ 1.25 千克，瓢虫类下降 66.7% ~ 100%，蜘蛛类下降 43.4% ~ 51.3%，黑肩绿盲蝽下降 63.7% ~ 83.4%。各地调查观察结果认为，春夏季的大翻耕和施用化学农药，是左右稻田天敌数量增长的主要因素。因此稻田天敌的保护利用，主要应采取以下措施：

①创造有利于天敌栖息的环境，其具体措施有：调整耕作制度和品种熟期的搭配，力争多样化；在大翻耕期间，停止在田埂、沟边和路边铲草皮或堆放少量草把；积极推广在田埂、沟边和路旁种黄豆等荫蔽度较大的作物。

②合理使用化学农药，具体方法已如前述。

③早稻脱粒后，稻草不要过早上堆，以便让大部分天敌迁飞出，增加稻田天敌基数。

5. 其他防治方法

水稻病虫防治，除上述方法外，还有一些其他可利用的方法。如诱杀法，包括性诱法、趋化性诱杀法、趋绿性诱杀法等，都是经济有效的方法，只是由于目前经营规模小而限制了这些方法的推广应用。又如昆虫生长激素、信息激素等高活性化学物质的利用，有的已在害虫的防治中取得成功。像动物防疫一样，利用弱毒疫苗接种，预防某些病毒病的发生，将有可能开辟一条新途径。

（三）水稻病虫综合防治方案的编制

农作物病虫综合防治，需要有安全、经济、有效，并且在当地切实可行的综合防治方案，才能保证各项综合防治措施的落实，现就水稻病虫综合防治方案编制的原则和方法问题，提出一个参考意见。

1. 水稻病虫综合防治方案的编制原则

病虫综合防治方案，是病虫综合防治方针、策略和技术的集中体现，其方案必须受综合防治总方针和有效落实该方针的正确策略思想的制约，同时还应受病虫防治技术成果和当地生产水平、社会经济状况的限制。若不考虑上述因素，则方案的有效性、可行性和适用性都难以保证，最终将难以贯彻落实。为确保方案的上述特性，在方案编制时必须有一个合理的原则为指导。根据作者的实践，认为其原则应包括以下内容：

（1）抓住重点防治对象及其发生为害的主导原因。不同稻区稻田生态条件不同，其主要病虫种类不尽相同；主要病虫在当地造成严重发生或为害的主导原因不尽相同；各稻区社会经济状况不同，其可控因子调节的难度也不尽相同。所以在制订方案时，必须抓住重点防治对象及其发生为害的主导原因，因地制宜地确定综合防治的策略思想和选择可行的有效配套技术，采用针对性强的具体措施。

（2）采用病虫防治的先进科技成果，合理制订综合防治策略。综合防治策略是综合防治的灵魂，既是决定综合防治成败的关键，又决定着配套技术或措施的取舍。它的制订，必须以现有先进技术成果为依据，以适合本地推广的具体技术或措施为依托，以第一节中阐述的生态学观点、环境保护学观点、经济学观点和协调的原则为指导。否则，其综合防治策略及其指导下制订的方案，不符合综合防治的要求。

（3）注重关键性技术或措施的协调配套。在病虫防治上，其方法和措施多种多样，从作用上讲，有关键性的和一般性的技术和措施，有左右全局或全过程的技术和措施，也有仅影响某个防治环节的技术和措施。故在技术和措施的选配上，做到关系全局的关键性技术和措施不可少，仅限于影响某一次要环节的技术和措施要精简，以在不影响有效性的前提下，简化配套技术与措施。

（4）优先考虑化防难度大的主攻对象。在病虫防治上，不同病虫具有不同的难度，对于那些暴发性强而化防难度大的病虫，一定要注意前期关键性预防技术和措施的运用，以便掌握综合防治的主动权。例如，稻瘟病和白叶枯病的防治，其流行为害高峰期往往是多雨季节，大面积施药常常效果欠佳，所以必须注意抗病品种及苗期感染的预防和局部菌原的铲除。大发生年主害代褐飞虱的防治，后期施药效果较差，应用扑虱灵进行压前控后。

（5）在化学防治中，高效、低毒、选择性强的品种或方法优先。这是协调生防与化防、减少环境污染的关键。因此，要尽量减少高毒、高残留、广谱性农药的使用，有必要时，可以通过混配混用或施用时期、方法的选择，减少其副作用的产生。

2. 水稻病虫综合防治方案的编制方法

病虫综合防治方案编制原则，是方案编制的具体指导思想，在原则的具体指导下，其编制方法可分成如下几步：

第一步，确定主攻对象和综合防治策略。主攻对象，要根据当地各种病虫常年的发生为害程度和频次大小，未来几年的发生趋势等具体情况，通过综合分析后加以确定；综合防治的策略，要以当地主攻对象为重点，以生态学、环境保护学、经济学和协调原则为指导，以水稻全生育期为系统控制的目标，以现有的科技成果为依托，确定分阶段治理的主要技术途径，即成为当地综合防治策略。

第二步，根据综合防治策略，为主攻对象分列可供选择的技术和措施，是全局性的共同措施，可列在各主攻对象的前面，以作为共同的防御措施。

第三步，按是否属于关键、预防性强、副作用小、经济效益高的技术和措施等标准，对应选技术或措施进行逐一评审，符合标准的都打上重点符号，最后将有两个重点符号的技术或措施勾上入选符号并抄出。

第四步，分主攻对象逐一审查入选技术或措施，看是否能综合有效地控制该病虫的发生和为害，若不能则应追选补充技术或措施。

第五步，将审查三、四两步入选后确定下来的技术或措施，以水稻生育期实施时间先后为序整理列出，并提出具体标准或要求后，即成为正规的综合防治方案。

当然综合防治方案是否有效并切实可行，还要经过生产实践的检验，并不断根据检验结果加以补充和修改。

（四）湖北主要稻区的病虫综合防治体系

湖北地貌复杂，在气候上又处于热带与亚热带、海洋与内陆性气候的过渡地带，同时由于气候的区域性变化，导致了耕作制度和水稻主要病虫的区域化，因此，单一的水稻病虫综合防治模式，难以适应各稻区的具体情况。在水稻病虫综合防治实践中，各稻区都积累了一些成功的经验，我们在总结这些经验和吸收外地经验的基础上，综合湖北今后的病虫发生趋势和各地的具体情况，加工整理出各稻区水稻病虫综合防治体系，供各级农技人员参考。

1. 鄂东南低山、丘陵双季稻区综合防治体系

（1）主攻对象。鄂东南低山、丘陵双季稻区，常发性的水稻主要病虫有：纹枯病、稻瘟病、白叶枯病、叶尖枯病、稻纵卷叶螟、白背飞虱、褐飞虱、二化螟、三化螟、稻蓟马等。发生为害重，需作为主攻对象的病虫是：纹枯病、稻瘟病、稻曲病、稻纵卷叶螟、白背飞虱、二化螟、三化螟。

（2）综合防治策略。病害以抗病品种和保健栽培为基础，加强关键时期的药剂预防或保护；害虫以抗、耐、避品种和水肥管理为基础，生防化防相协调的化学防治为保证。

（3）关键技术与措施。

推广抗、避病虫品种：早稻选用鄂早 18、嘉育 948、两优 287、金优 402 等品种；中稻选用两优培九、扬两优 6 号、宜香 1577 等品种；晚稻选用金优 38、中 9 优 288、金优 207、鄂晚 11、鄂晚 15 等品种。

培育无病壮秧：①早、中稻种子用强氯精浸种；②合理稀播，早稻亩播 40～50 千克，常规中、晚稻亩播 30～40 千克，杂交稻亩播 15～20 千克；③适期喷施多效唑；④及时用药防治苗稻瘟、白叶枯、稻蓟马等病虫。

认真搞好肥水管理：①施肥以底肥为主，氮磷钾配合，底肥占 60%～70%，氮肥总量 9～11 千克，磷钾肥按氮肥的一半配足；②早施追肥，严格控制追肥截止期，早、晚稻在插后 5～10 天追施，中稻分返青期和圆秆拔节期两次追施，一般不宜施用穗肥；③坚持分蘗期浅灌勤灌、分蘗盛末期开沟晒田、后期间歇灌水的管水办法，防止后期断水过早。

保护自然天敌：①春夏两季大翻耕期间，停止在田埂、沟边和路旁搞铲草积肥活动；②在田埂、沟边和路旁种黄豆等荫蔽度较大的作物；③没有种作物的田埂，在春夏翻耕期间堆放草把，提供天敌栖息场所；④科学用药。

坚持科学用药：①搞好病虫测报，分类指导用药；②合理选配、混用对口的高效、低毒、低残留的选择性农药；③提高药剂防治策略，压缩施药面积和次数。

2. 沿江平原稻区综合防治体系

（1）主攻对象。沿江平原稻区包括鄂东双季稻区和江汉平原混栽稻区。常发性的病虫有：水稻纹枯病、白叶枯病、叶尖枯病、稻瘟病、二化螟、三化螟、稻纵卷叶螟、褐飞虱、白背飞虱、稻蓟马等病虫。其中主攻对象是：纹枯病、白叶枯病、叶尖枯病、褐飞虱、稻纵卷叶螟、二化螟、三化螟等"三病四虫"。

（2）综合防治策略。由于该区耕作制度和常发性主要病虫害同鄂东南双季稻区差异较小，故其综合防治策略与上述稻区相同，只是具体配套措施有所不同。

（3）关键技术与措施。

选用抗、耐、避病虫品种：早稻选用鄂早 14、鄂早 18、金优 402、嘉育 948 等品种；中稻选用两优培九、Ⅱ优 084、扬两优 6 号、D 优 3232、丰两优 1 号等品种；晚稻选用金优 207、金优 38、中 9 优 288 等品种。

培育无病壮秧：除同前区外，注意秧田的选择，要积极推广旱育秧、两段秧和大苗移栽技术，促进早熟，避开病虫的为害。

加强肥水管理：要求与前区基本相同，不同之处是晒田应提前到分蘗高峰期为宜，而且一定要先开沟后晒田。

保护天敌：该区东部双季稻区，稻田生态环境稳定性差，应采取同鄂东南双季稻区一样的保护措施。西部为混栽稻区，生态环境具有多样性，保护的重点措施就是科学用药。

科学用药：①加强病虫测报，搞好分类指导；②讲究化防策略，挑治和普治相结合，重点挑治一代二化螟、三代白背飞虱和白叶枯病中心发病田，及时普治纹枯病、白叶枯病、第四代褐飞虱和稻纵卷叶螟；③根据病虫情报，选配和混用对口农药。

3. 鄂西南中稻区病虫综合防治体系

（1）主攻对象。该区常发性病虫有：稻瘟病、稻曲病、稻纵卷叶螟、白背飞虱、褐飞虱、稻秆蝇等。其中主攻对象是：稻瘟病、稻曲病、白背飞虱、稻秆蝇。

（2）综合防治策略。由于该区常年是病害重于虫害，且水利设施条件较差，其综合防治策略应当是：病害以抗病品种为基础，适期施药预防为保证；在虫害上应加强预测预报，狠治主害代。

（3）关键技术与措施。

重点推广抗稻瘟病、稻曲病的品种：福优86、福优325、福优58、福优80、福优98.5、谷优527、金优995等品种。

培育无病壮秧：①用三环唑浸种2~3天；②适当稀播，常规稻亩播35~45千克，杂交稻亩播20~25千克；③秧苗三叶期和移栽前各防治一次稻瘟病；④喷施多效唑，提倡大苗移栽。

积极推广半旱式栽培：对冷浸烂泥田，采用半旱式大苗栽培，其他稻田采用宽行窄株栽培。

加强肥水管理：①在施肥种类上做到两为主，即以有机肥为主，配方肥为主。②施肥方法上做到一足二早三杜绝，即底肥足（占70%）；追肥早，重追分蘖肥，补追拔节肥；杜绝穗肥。③坚持间歇灌溉、分蘖盛期开沟晒田。

科学用药：①防治稻秆蝇兼治二化螟；②及时防治第二代稻纵

卷叶螟，注意混配兼治叶稻瘟；③重点搞好破口期穗瘟的药剂保护，采用复配农药兼治稻曲病和白背飞虱。

4. 鄂中北稻区病虫综合防治体系

（1）主攻对象。该区为一季中稻区，常发性的水稻病虫有：纹枯病、白叶枯病、二化螟、褐飞虱、稻纵卷叶螟、稻蓟马。其中综合防治的主攻对象是：纹枯病、白叶枯病、二化螟、褐飞虱。

（2）综合防治策略。该区水稻病虫的综合防治策略是：纹枯病以肥水管理为基础，重点抓好药剂防治；白叶枯病以抗病品种和追肥截止期为基础，注意秧田预防和早治发病中心田，控制后期为害；二化螟用药狠治一代控制二代为害；稻飞虱一般年狠治主害代，大发年狠治三代控四代。

（3）关键技术与措施。

选用高产抗病品种，主要有两优培九、宜香 1577、Ⅱ优 501、Ⅱ优 084、绵 2 优 838、丰两优 1 号、D 优 3232 等品种。

培育无病壮秧：①用强氯精浸种；②适当稀播或推广两段育秧，常规稻亩播 25～30 千克，杂交稻亩播 20～25 千克，有条件的最好采用两段育秧或旱育秧技术；③加强秧田白叶枯病的预防，感病品种分别在三叶期和移栽前各喷施一次药；④喷施多效唑；⑤狠治一代二化螟兼治稻蓟马。

加强肥水管理：具体要求参照鄂东南双季稻区，总施肥量可提高 1～2 千克，杜绝孕穗期追施氮肥。

科学用药：①加强病虫测报，注意分类指导；②分蘖末期注意查、挑白叶枯病中心发病田；③注意查、治二代稻纵卷叶螟、配药兼治白背飞虱；④抽穗期喷施虱蚊灵，控制褐飞虱和纹枯病的为害。

（五）水稻病虫常规药剂防治技术

水稻病虫常规药剂防治技术，是指化学防治直接作为扑灭病虫为害的药剂防治技术，这项技术包括防治适期、防治指标、常用对口农药品种、用药剂量、施用方法等内容。近年来，在防治适期、防治指标和对口农药品种上，都有新的发展。现将上述内容汇总列成表3-1，供化学防治决策时参考。

表 3-1　　　　　常用农药防治适期与指标一览表

病虫名称	防治适期	防治指标	常用农药品种
稻飞虱	低龄若虫高峰期	早、晚稻穗期1500头/百兜；中稻穗期2000头/百兜	扑虱灵、吡蚜酮、速灭威、醚菊酯、大功臣、吡虫啉
稻纵卷叶螟	低龄幼虫高峰期	水稻分蘖期50~60头/百兜；水稻穗期30~40头/百兜	杀虫双、康宽、稻腾、乙酰甲胺磷
二化螟	第一代枯鞘盛期第二代低龄幼虫集中为害期	第一代枯鞘株率3%~5%；第二代集中受害株率0.1%	杀虫双、康宽、稻腾、杀螟松
三化螟	分蘖期初见假枯心；卵孵始盛期处于破口至齐穗80%的稻田	每亩有卵100块左右	同上

续表

病虫名称	防治适期	防治指标	常用农药品种
稻蓟马	秧苗期及本田分蘖初期卷叶株30%以上	有卵株50%以上	同上
白叶枯病	秧田期：早、中稻移栽前2～3天，晚稻三叶期及移栽期2～3天	感病品种	叶枯宁、叶青双
	本田拔节期	初见发病中心	
纹枯病	早、中稻在孕穗末至破口初期。双晚在圆秆至孕穗初期	病蔸率在30%	井岗霉素、禾穗宁、拿敌稳、氟担菌宁
稻瘟病	水稻秧苗期至分蘖期	感病品种，初见病期	三环唑、富士一号、灭病威、拿敌稳
	水稻破口和齐穗期	感病品种、天气预报低温多阴雨	
稻蝗	二、三龄若虫盛期	每平方米10头以上	杀虫双、敌马粉剂、速灭杀丁
稻苞虫	二、三龄幼虫盛期	分蘖期百蔸有虫30～40头 孕穗期百蔸有虫20～30头	杀虫双、杀螟松、Bt乳剂

病虫名称	防治适期	防治指标	常用农药品种
稻象甲	成虫盛发产卵前	成虫期为百蔸15头	防成虫：醚菊酯、水胺硫磷、倍硫磷、呋喃丹、杀灭菊酯、敌杀死 防幼虫：呋喃丹
	卵孵高峰期	成虫达标未治的田块	
黑尾叶蝉及白翅叶蝉	二、三龄若虫盛期	秧田每平方米30~60头本田百蔸有虫300~500头	扑虱灵、杀虫双、叶蝉散
稻秆潜蝇	卵孵始盛至高峰期	秧田百株卵10~15粒或株害1%以上 本田百株卵15粒或株害4%	氧化乐果、乐果、呋喃丹
稻茎毛眼水蝇	卵孵始盛至高峰期	水稻分蘖期10%被害株，孕穗期5%剑叶被害	氧化乐果、乐果、二嗪农、呋喃丹
稻小潜叶蝇	卵孵始盛至高峰期	有卵株30%以上	氧化乐果、乐果、二嗪农
稻绿蝽	成虫迁入盛期二、三龄若虫高峰期	百蔸有虫8~12头	水胺硫磷、敌杀死、速灭杀丁
黏虫	二、三龄幼虫高峰期	百蔸有虫30~50头	乐果、杀虫双

续表

病虫名称	防治适期	防治指标	常用农药品种
云形病及褐色叶枯病	水稻分蘖末期	发病初期，天气预报孕穗至灌浆期多阴雨	烯唑醇、三唑醇、粉锈宁、灭病威
叶尖枯病	防一次在破口抽穗期 防二次在孕穗期和齐穗期	水稻孕穗后期至抽穗扬花期田间出现发病中心	禾枯灵（多菌灵＋粉锈宁＋增效剂）、多菌灵
稻曲病	水稻孕穗后期（幼穗分化 6～7 期）（铜制剂在始穗后使用产生药害）	发病区，感病品种，天气预报孕穗抽穗期多阴雨	拿敌稳、恒清、薯瘟锡、毒菌锡、井岗霉素
稻粒黑粉病	始花期和盛花期各喷一次	杂交稻制种田和母本繁殖田	三唑醇、灭黑一号、三唑酮、烯唑醇
恶苗病	种子处理	威 20 不育系及威优系统杂交稻种子	强氯精、多菌灵、线菌清
干尖线虫病	种子处理	上年带病种子	线菌清、巴丹
细菌性茎腐病	种子处理	常发病区感病品种	80% "402" 抗菌素 2000 倍液浸种 48 小时
黄矮病和普矮病（流行区）	治蝉防病；双晚秧田期、双晚本田初期	双晚秧田 20 头/米² 左右，栽秧后 10 天内 1 头/蔸	叶蝉散、杀虫双、速灭威

主要参考文献

［1］农牧渔业部全国植物保护总站．中国水稻病虫综合防治进展．浙江科学技术出版社，1998．

［2］杜正文，等．中国水稻病虫害综合防治策略与技术．农业出版社，1991．

［3］全国褐飞虱联合测报网．我国褐飞虱发生动态及其预测预报．中国农业科学，1980（4）．

［4］全国稻纵卷叶螟研究协作组．全国稻纵卷叶螟迁飞规律研究进展．中国农业科学，1981（5）．

［5］朱绍先，等．稻飞虱及其防治．上海科技出版社，1983．

［6］芮庆宝．稻飞虱与气象．气象出版社，1987．

［7］吴嗣勋，等．褐飞虱的预测预报及防治对策．湖北农业科学，1989（7）．

［8］庞雄飞．水稻害虫天敌作用的评价．农业出版社，1991．

［9］张孝羲，等．稻纵卷叶螟在我国东半部迁飞途径的研究．昆虫学报，1980，23（2）．

［10］陈若篪，等．褐飞虱种群动态的研究．南京农业大学学报，1986（3）．

［11］黎毓干．稻曲病研究初报．广东农业科学，1986（4）．

［12］邓根生．国内稻曲病研究现状．植物保护，1989，15（6）．

[13] 李宣铿．杂交稻稻粒黑粉病发生规律与防治的研究．湖南农业科学，1990（2）．

[14] 陈毓苓，等．杂交水稻稻粒黑粉病发生规律研究．江苏农业科学，1992（4）．

[15] 徐敬文，等．水稻叶尖枯病的发生及其对产量的影响．江苏农业科学，1989（2）．

[16] 方中达，等．中国水稻白叶枯病致病型的研究．植物病理学报，1990（2）．

[17] 杜义，等．水稻稻曲病的研究与进展．病虫测报，1991（2）．

[18] 谭荫初．水稻恶苗病的发生为害与防治．病虫测报，1991（1）．

[19] 姬庆文，等．中华稻蝗在黄淮地区的发生规律和综合防治措施．江苏农业科学，1990（3）．

[20] 彭绍裘．水稻纹枯病研究的回顾与展望．病虫测报，1991（3）．

[21] 李建仁．水稻细菌性条斑病发生规律及防治措施的研究．湖北农业科学，1989（8）．

[22] 王金生．水稻细菌性茎腐病的侵染规律和病理解剖学研究．植物病理学报，1987，17（2）．

[23] 罗宽，等．水稻褐鞘病发生规律与防治研究．湖南农业科学，1988（6）．

[24] 裘童兴．水稻干尖线虫病发生规律及防治初探．浙江农业科学，1991（6）．

[25] 张曙光，等．水稻瘤矮病的发病规律及防治研究．植物病理学报，1986（2）．

[26] 金登迪．水稻齿叶矮缩病的潜育期及介体褐飞虱的传毒

特性. 浙江农业科学, 1987 (5).

[27] 陈光育, 等. 水稻黄萎病的研究. 浙江农业科学, 1987 (2).

[28] 金登迪. 水稻条纹叶枯病的潜育期及介体灰飞虱传毒特性的研究. 浙江农业科学, 1985 (5).

[29] 阮义理. 水稻黑条矮缩病的研究. 浙江农业科学, 1984 (4).

[30] 吕新乾, 等. 稻象甲自然种群消长规律研究. 浙江农业科学, 1991 (1).

[31] 余学宏. 早稻稻瘟病流行原因及综防对策. 湖北农业科学, 1989 (4).

[32] 吴嗣勋. 水稻蓟马测报浅学. 农业出版社, 1982.

[33] 吴嗣勋, 等. 稻纵卷叶螟发生规律测报与防治研究. 湖北农业科学, 1983 (5).

[34] 吴嗣勋, 等. 稻绿蝽的预测预报及综合防治. 湖北农业科学, 1992 (3).

[35] 荆州地区植保站. 荆州地区粮棉主要病虫预报资料表册, 1974, 1984.

[36] 农牧渔业部农作物病虫测报站. 农作物病虫预测预报资料表册. 农业出版社, 1981.

[37] 农业部农作物病虫测报总站. 农作物主要病虫测报办法. 农业出版社, 1980.

[38] 宋大永, 等. 荆州地区农作物病虫害录. 中国科技出版社, 1991.

[39] 余学宏, 等. 稻田捕食性天敌保护利用方法的研究. 湖北农业科学, 1983 (6).

[40] 余学宏. 水稻病虫综合防治技术的研究. 湖北农业科

学，1987（2）．

[41] 余学宏，等．对水稻纹枯病农业防治的初步评价．湖北科技情报（农业分册），1984（1）．

[42] 向子钧，农作物病虫害简易测报与防治．湖北科学技术出版社，1991.

[43] 向子钧，等．常用新农药实用手册．武汉大学出版社，2011.